工业机器人应用系统建模

总主编 谭立新
主　编 张俊妍　张玉希　吉应红
副主编 马　晨　张亚雄　周正军

北京理工大学出版社
BEIJING INSTITUTE OF TECHNOLOGY PRESS

版权专有　侵权必究

图书在版编目(CIP)数据

工业机器人应用系统建模 / 张俊妍, 张玉希, 吉应红主编. -- 北京：北京理工大学出版社, 2024.12.
ISBN 978-7-5763-4888-0

Ⅰ. TP242.2

中国国家版本馆 CIP 数据核字第 2025J9T257 号

责任编辑：王培凝	文案编辑：辛丽莉
责任校对：周瑞红	责任印制：施胜娟

出版发行	/ 北京理工大学出版社有限责任公司
社　　址	/ 北京市丰台区四合庄路 6 号
邮　　编	/ 100070
电　　话	/ （010）68914026（教材售后服务热线）
	（010）63726648（课件资源服务热线）
网　　址	/ http://www.bitpress.com.cn

版 印 次	/ 2024 年 12 月第 1 版第 1 次印刷
印　　刷	/ 涿州市京南印刷厂
开　　本	/ 787 mm×1092 mm　1/16
印　　张	/ 9.5
字　　数	/ 220 千字
定　　价	/ 55.00 元

图书出现印装质量问题，请拨打售后服务热线，负责调换

总 序

2017年3月，北京理工大学出版社首次出版了工业机器人技术全套系列教材，该系列教材是全国工业和信息化职业教育教学指导委员会研究课题"系统论视野下的工业机器人技术专业标准与课程体系开发"的核心研究成果，也是2019年湖南省职业教育省级教学成果奖二等奖课题"系统论视野下机器人技术人才培养"的核心成果载体。2021年7月针对工业机器人技术发展、行业应用领域拓展深化及第一版教材存在的不足和问题进行了优化改进。通过前两次修订优化完善，本全套系列教材在教学理念、体系构建、教材定位、材料组织、教材体例、工程项目运用、信息技术运用与教学资源开发等方面形成了自己的特色与创新。主要体现在：

一是教学理念。工业机器人技术专业全套系列教材全面突出"为党育人、为国育才"的总要求，强化课程思政元素的挖掘与应用，充分体现与融合马克思主义基本观点与方法论及"专注、专心、专一、精益求精"的工匠精神。

二是体系构建。以工业机器人系统集成的技术与工作流程（工序）为主线构建专业核心课程与教材体系，以学习专业核心课程所必需的知识和技能为依据构建专业支撑课程；以学生职业生涯发展为依据构建公共文化课程的教材体系。

三是教材定位。面向工业机器人本体与系统集成企业，包括应用系统整体设计、工业机器人操作与现场编程、工业机器人集成系统装调与维护、电气系统设计控制与应用、工业机器人及集成系统销售与客服等岗位，同时兼顾智能制造自动化生产线设计开发、装配调试、管理与维护等。

四是材料组织。以项目导向、任务驱动进行教学材料组织，整套教材体系是一个大的项目——工业机器人系统集成，每本教材是一个二级项目（大项目的一个核心环节），而每本教材中的项目又是二级项目中一个子项（三级项目），三级项目由一系列有逻辑关系的任务组成。

五是编写体例。以工程项目运行的"项目描述、工程（学习）目标、知识准备、任务实现、项目评价、拓展提升"六个环节为编写体例，全面系统地体现工业机器人应用系统集成工程项目的过程与成果需求及学习规律。

经过七年多的应用和两次修订完善，目前全国使用该教材体系的学校已超过200所，用量超过十万多册，以高职院校为主体，包括应用本科、技师学院、技工院校、中职学校及企业岗前培训等机构，其中《工业机器人操作与编程（KUKA）》获"十三五"职业教育国家规划教材和湖南省职业院校优秀教材等荣誉；《工业机器人操作与编程（ABB）》（第2版）、《工业机器人视觉技术》（第2版）、《工业机器人操作与编程

1

(KUKA)》(第 2 版)获"十四五"职业教育国家规划教材。

随着工业机器人自身理论与技术的不断发展,应用领域的不断拓展及细分领域的不断深化,人工智能等新一代信息技术与工业机器人不断融合,智能制造对工业机器人技术要求的不断提高,工业机器人正在不断向环境智能化、控制精细化、应用协同化、操作友好化提升。因此,在保持前两版优势与特色的基础上,如何与时俱进,对该教材体系进行修订完善与系统优化成为第 3 版的核心工作。本次修订完善与系统优化主要从以下三个方面进行:

一是基于人工智能等新一代信息技术共生融合优化。第 3 版修订中,在以工业机器人技术应用为核心的前提下,更加突出了在智能制造领域的人工智能、物联网、工业大数据、新型传感器技术、5G 通信技术等新一代信息技术的综合运用,加强了人工智能、工业互联网技术、实时监控与过程控制技术等智能技术内容。

二是基于新兴应用与细分领域的项目优化。针对工业机器人技术在生物医药、新能源、农业等新兴应用领域的新理论、新技术、新项目、新应用、新要求、新工艺等对原有项目进行了系统性、针对性的优化,对新的应用领域的工艺与技术进行了全面的完善。

三是基于数智技术的个性化学习资源优化。针对新兴应用及细分领域及传统工业机器人持续应用领域,在配套课程教学资源开发方面进行了进一步的优化与定制化开发,针对性开发了项目实操案例式 MOOC 等配套教学资源,教学案例丰富,可拓展性强。

因工业机器人是典型的光、机、电、软件等高度一体化产品,是新质生产力的典型代表,其制造与应用技术涉及机械设计与制造、电子技术、传感器技术、视觉技术、计算机技术、控制技术、通信技术、人工智能、工业互联网技术等诸多领域,其应用领域不断拓展与深化,技术不断发展与进步。本教材体系在修订完善与优化过程中肯定存在一些不足,特别是通用性与专用性的平衡、典型性与普遍性的取舍、先进性与传统性的综合、未来与当下、理论与实践等各方面的思考与运用不一定是全面的、系统的,希望各位同人在应用过程中随时提出批评与指导意见,以便在第 4 版修订中进一步完善。

谭立新
2024 年 7 月 18 日于湘江之滨听雨轩

前言

当前，工业机器人正以"机器换人"的加速度渗透制造业全领域。据工信部统计，2023年我国工业机器人密度已达392台/万人，但专业人才缺口仍超过50万。职业院校作为技术技能人才培养的主阵地，亟需一本"理论够用、实践为重"的《工业机器人应用系统建模》教材。传统教材往往存在理论知识偏重、与工业场景脱节、案例陈旧等问题，学生学完仍无法独立完成工业机器人功能单元及系统集成设计。基于此，我们整合企业真实项目案例，开发了这本"从零件到工业机器人多功能应用单元设计"的实战型教材。

本书共分8个模块：模块1主要介绍SolidWorks三维建模软件入门，包括SolidWorks软件安装、软件界面介绍、设置与快速入门；模块2主要介绍工业机器人轨迹练习曲面板设计与建模，包括轨迹练习种类、末端笔形工具设计、曲面形轨迹练习面板设计；模块3主要介绍工业机器人末端执行器设计与建模，包括末端执行器介绍、末端执行器分类、末端执行器设计要求、真空吸盘式执行器设计、气压式夹持执行器设计；模块4主要介绍工业机器人输送设备设计与建模，包括常见输送方式及输送设备、皮带线结构原理与设计、滚筒输送线结构原理及设计；模块5主要介绍工业机器人工具快换装置设计与建模，包括工具快换装置介绍、产品选型方法、工具快换装置应用案例、工具快换装置末端气路和电路应用设计；模块6主要介绍工业机器人搬运码垛单元设计与建模，包括井式下料单元设计、传送单元设计、码垛平台设计；模块7主要介绍工业机器人装配单元设计与建模，包括气动装夹单元设计与建模、立体仓库和存料台单元设计、装配拧螺钉单元设计与建模；模块8主要介绍工业机器人视觉分拣物料单元设计与建模，包括视觉分拣物料单元设计、多形状物料块设计、视觉系统安装支架设计。

本书由张俊妍、张玉希、吉应红担任主编；马晨、张亚雄、周正军担任副主编。谭立新教授作为整套工业机器人系列丛书的总主编，对整套图书的大纲进行了多次审定、修改，使其在符合实际工作需要的同时，便于教师授课使用。

在丛书的策划、编写过程中，湖南省电子学会提供了宝贵的意见和建议，在此表示诚挚的感谢。同时感谢为本书中的实践操作及视频录制提供大力支持的湖南科瑞特科技股份有限公司。

由于时间有限，本书难免存在不足之处，敬请广大读者批评指正。

目 录

模块 1　三维建模软件入门 ·· 1
　1.1　SolidWorks 软件安装 ·· 1
　1.2　SolidWorks 软件界面 ·· 2
　1.3　SolidWorks 设置与快速入门 ··· 4

模块 2　工业机器人轨迹练习曲面板设计与建模 ·· 9
　2.1　轨迹练习种类 ··· 9
　2.2　末端笔形工具设计 ·· 16
　2.3　曲面形轨迹练习面板设计 ··· 28

模块 3　工业机器人末端执行器设计与建模 ··· 32
　3.1　末端执行器介绍 ··· 32
　3.2　末端执行器分类 ··· 37
　3.3　末端执行器设计要求 ··· 40
　3.4　真空吸盘式执行器设计 ·· 42
　3.5　气压式夹持执行器设计 ·· 48

模块 4　工业机器人输送设备设计与建模 ·· 54
　4.1　常见输送方式及输送设备 ··· 54
　4.2　皮带线结构原理与设计 ·· 67
　4.3　滚筒输送线结构原理及设计 ·· 78

模块 5　工业机器人工具快换装置设计与建模 ·· 85
　5.1　工具快换装置介绍 ·· 85
　5.2　产品选型方法 ··· 89
　5.3　工具快换装置应用案例 ··· 101
　5.4　工具快换装置末端气路和电路应用设计 ·· 103

模块 6　工业机器人搬运码垛单元设计与建模 ··· 105
　6.1　井式下料单元设计 ·· 105

1

6.2　输送单元设计 …………………………………………………………… 111
　6.3　码垛平台设计 …………………………………………………………… 121

模块 7　工业机器人装配单元设计与建模 ……………………………………… 124
　7.1　气动装夹单元设计与建模 ………………………………………………… 124
　7.2　立体仓库和存料台单元设计 ……………………………………………… 127
　7.3　装配拧螺钉单元设计与建模 ……………………………………………… 131

模块 8　工业机器人视觉分拣物料单元设计与建模 …………………………… 136
　8.1　视觉分拣物料单元设计 …………………………………………………… 136
　8.2　多形状物料块设计 ………………………………………………………… 138
　8.3　视觉系统安装支架设计 …………………………………………………… 139

参考文献 ………………………………………………………………………………… 143

模块 1

三维建模软件入门

模块描述

本模块的任务主要是了解 3D 软件 SolidWorks，该软件是机械行业中使用比较广泛的 3D 软件。本模块简述了软件的安装和软件界面。在介绍软件的界面时采用练习的方式进行介绍。

学习目标

学生通过本模块的学习，可以培养空间想象力、设计思维，也能方便他们将设计方案用 3D 模型的方式直观地展示出来，以此促进交流并提升专业知识。

1.1 SolidWorks 软件安装

SolidWorks 是一款基于 3D 设计的 CAD 软件，因为易上手和操作简单而广受欢迎，SolidWorks 常用于非标自动化设计、零件设计、装配体设计、工程图制作。SolidWorks 可以让学生将设计方案直观地展现出来，也能激发他们对设计的热情和信心，便于设计思路的交流、讨论和改进。

首先下载 SolidWorks 安装包，在安装 SolidWorks 之前先设置好 .NET Framework，如图 1-1 所示，然后解压 SolidWorks 安装包，以管理员身份运行 setup.exe 程序，在输入序列号之后选择安装的程序语言和基本的运行程序，如图 1-2 所示，选择安装位置，多次单击"下一步"按钮，最后完成安装。

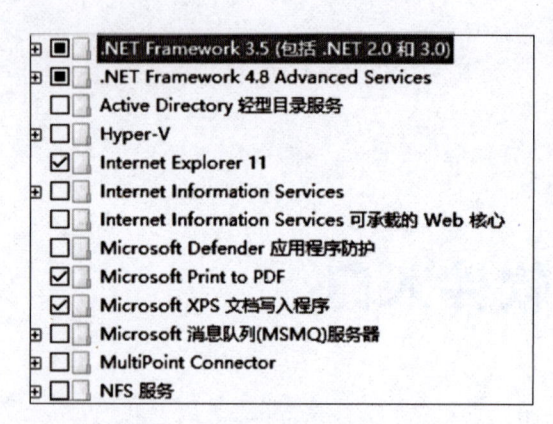

图 1-1　设置 .NET Framework

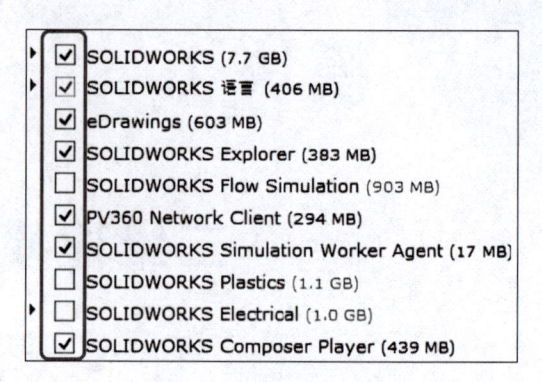

图 1-2　需要勾选的程序

1.2　SolidWorks 软件界面

打开 SolidWorks 界面会显示零件、装配体、工程图（见图 1-3）。选择"零件"命令，单击"确定"按钮进入界面，最先看见的是设计树（见图 1-4），设计树里面主要有 Material（材料）和前视、上视、右视 3 个平面。后面的设计步骤都会在设计树下面体现出来，如拉伸、切除、旋转等。前视、上视、右视 3 个平面是 SolidWorks 最初系统的 3 个平面。

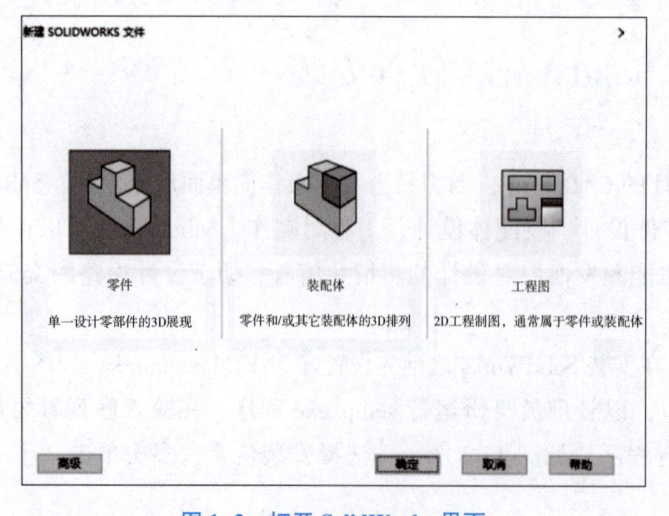

图 1-3　打开 SolidWorks 界面

图 1-4　设计树界面

特征是 SolidWorks 的重要功能之一，下面介绍特征工具栏（见图 1-5）里面的功能。①拉伸凸台基体。在 SolidWorks 很多实体是靠拉伸凸台做出来的，一般把所需要的实体拉伸出来后用切除命令进行切除。②旋转凸台基体。在绘制一些对称零件的时候（如一些轴类、法兰类等）就可以用旋转凸台去绘制。值得注意的是旋转凸台的草图只需要画一遍就可以了。③扫描。"扫描"命令比较常用，如用户设计管道之类的工件。④拉伸切除。如果把旋转凸台比作材料，那么拉伸切除就是刀具了。它主要是在凸台上进行切除切割，最后得到所需要的零件。⑤异形孔向导。异形孔向导也是在工作中用得十分多的功能，如沉头孔、锥形孔、螺纹孔等。⑥旋转切除。旋转切除和旋转凸台的原理一样，不同的是旋转凸台是用来拉伸实体，而旋转切除用来切除实体。⑦圆角和倒角。一般在设计完零件后都需要倒角和圆角，这是为了防止应力集中，也防止刮伤工人，其中倒角常用于装配配合，圆角则常用于外表常常触碰的地方。⑧线性陈列。有些零件具有规律的特征，如果一点点去绘制比较费时间，使用线性陈列可提高绘制效率。

图 1-5　特征工具栏

下面介绍草图，如图 1-6 所示。SolidWorks 上面的草图有两种，一种是平面草图，另一种是 3D 草图。平时比较常用的草图是 2D 草图，众所周知 2D 是一个平面，所以建立 2D 草图需要一个平面。草图里面有一些基本的形状，如直线、圆、样条曲线、矩形、圆弧、椭圆、文本、圆槽、多边形、圆角、点，这些形状都是设计时比较常用的。剪裁实体就是在绘图时裁剪一些不必要的线条。转换实体引用是把模型上的线条投影在草图上，在绘图时可以适当减少工作量。等距实体的作用和偏移类似，当然偏移的时候需要事先选好距离。草图的镜像实体和特征的镜像有点相同，不同点是参考不一样，草图的镜像实体参考是线，而特征的镜像参考是面。草图的线性草图阵列也和特征的线性陈列比较类似。几何关系在草图中比较重要，常见的几何关系有垂直、相切、对称、重合、中心、相等、平行、重合等。

图 1-6　草图

前导视图也是界面默认存在的（见图 1-7），前导视图里面的主要的功能有放大、缩小、截面、视图定向、隐藏所有类型、编辑外观和步景。放大和缩小顾名思义用于将零件放大和缩小。截面就是选择一个平面来观看零件和装配体的内部结构（见图 1-8），这个截面选择的平面是可以平行于截面的方向来移动的（见图 1-9）。这个截面的平面既可以选择模型内的平面或者自定义平面，也可以直接把前视、上视、右视 3 个基本平面当作截面所需要的平面。视图定向就是确定观测视图的方向，可以通过多个定位的视角来观测零件。最主要的视角是前后、左右、上下，还可以自定义想要的视角。隐藏所有类型可以选择性隐藏一些参考，如平面、轴、坐标系、原点、点、草图等。编辑外观就是给零件修改或者添加颜色，编辑可以选择修改零件的面、特征或者整个零件的颜色。布景就是更换背景，可以选择更换成自己想要的背景照片，使用比较多的是渲染。

图 1-7 前导视图

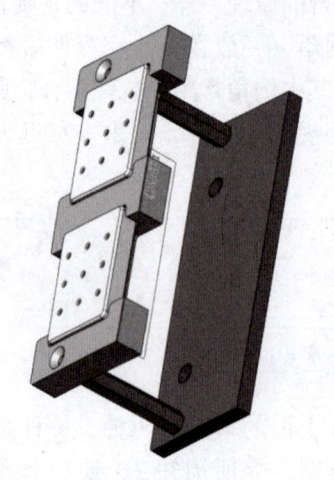

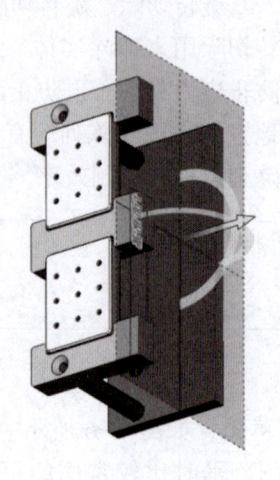

图 1-8 截面　　　　　　　　　图 1-9 截面图的移动

1.3　SolidWorks 设置与快速入门

1. 练习 1

先绘制一个简单的图形（见图 1-10）来快速熟悉软件。在绘图前要把零件图页面设置为个人习惯的页面，基本默认页面一般都符合大多数的要求，如果零件图页面已被修改，可单击视图，然后单击工作区，再单击默认就可以恢复。在绘制零件时，先做草图，再拉伸草图。首先单击特征，再单击拉伸凸台，这时需要选择设计草图的平面，当前草图属于 2D 草图，直接单击前视图，在前视图上绘制草图。首先绘制一个矩形，单击草图的中心矩形（草图的矩形有对角矩形、中心矩形、斜矩形等），先绘制长、宽，绘制好之后退出草图，系统会提示填写拉伸厚度，完成填写即可。

这样就绘制好了一个正方形的方块，然后开始打孔，单击特征工具栏的"异形孔向导"。异形孔向导里面有沉头孔、锥形孔、普通孔、螺纹孔等。图 1-11 所示为 M5 沉头孔。孔对正后添加几何关系，使孔和孔之间水平或者垂直，通过标准孔与孔之间的距离确定孔居中对称。孔绘制好后绘制 U 形槽，单击特征拉伸切除，单击之后系统会提示需要平面绘制草图，和拉伸凸台一样。确定零件表面为草图来绘制，可以直接使用草图上的 U 形槽。通过槽的中线确立几何关系重合（见图 1-12）。

绘制好 U 形槽草图后，单击"完成草图"，这时系统会提示切除的深度，确定切除的深度后，U 形槽就绘制完成了。现在可以打螺纹孔，流程就是先在异形孔向导的孔类型里选择螺纹孔，然后确定螺纹孔的深度。最后倒圆角，在特征工具栏里面，单击圆角来标注圆角的大小，在模型上单击需要倒圆角的边，完成圆角零件的 3D 图，如图 1-13 所示。

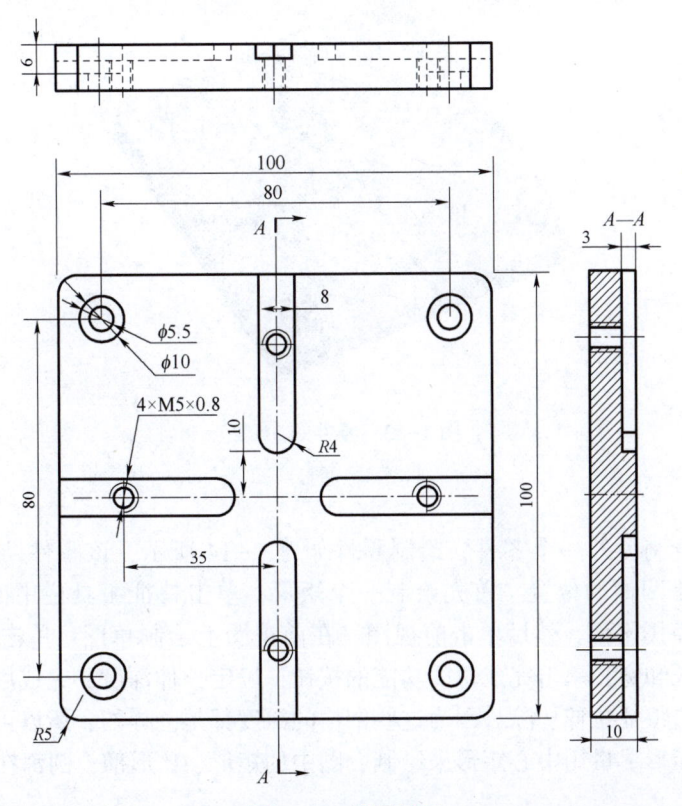

图 1-10 绘图练习

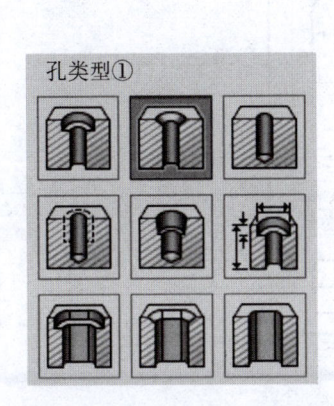

图 1-11 异形孔向导——M5 沉头孔

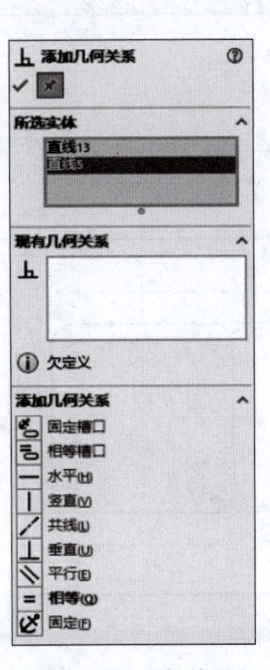

图 1-12 几何关系

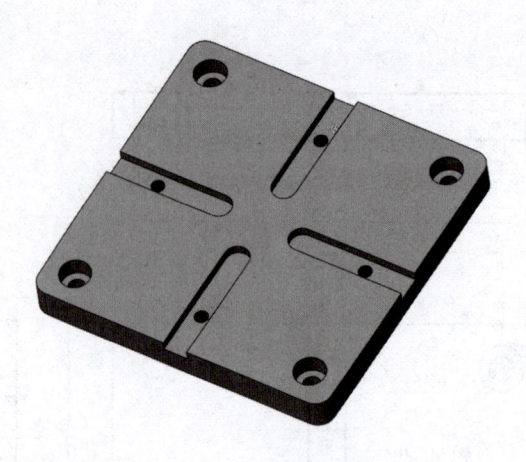

图 1-13 零件的 3D 图

2. 练习 2

下面来练习绘制另外一个零件，绘制零件如图 1-14 所示，该零件结构与前面零件类似，需要注意的是凹槽的位置。首先绘制一个矩形，单击特征工具栏中的"拉伸凸台/基体"按钮，确定草图平面，然后单击前视图，在前视图上绘制草图，单击草图中的中心矩形，确定矩形的长和宽，单击完成草图功能的按钮，确定拉伸深度，完成后会出现一个矩形的方块。然后单击特征拉伸切除，因为这些凹槽的深度都是一样的，所以可以把这里面的图形全部切出来。矩形尽量用中心矩形来绘制，图中的矩形、U 形槽、圆都在草图中有现成的

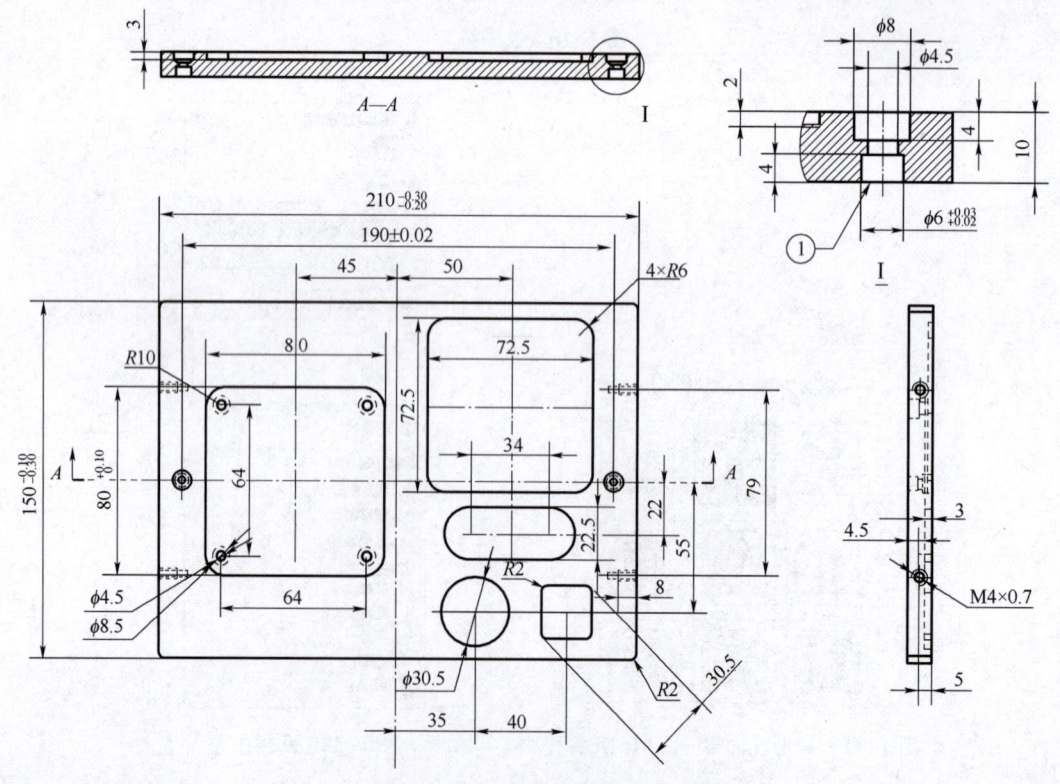

图 1-14 绘制零件

模型，无须再用线条去绘制，若遇到需要使用线条绘制的图形，需要注意绘制的图形一定是封闭的，否则绘制的图形无法拉伸和切除。切除完成后，再给图形倒角，之后使用异形孔向导为该图形打孔，再在整体外表倒角。零件 3D 图如图 1-15 所示。

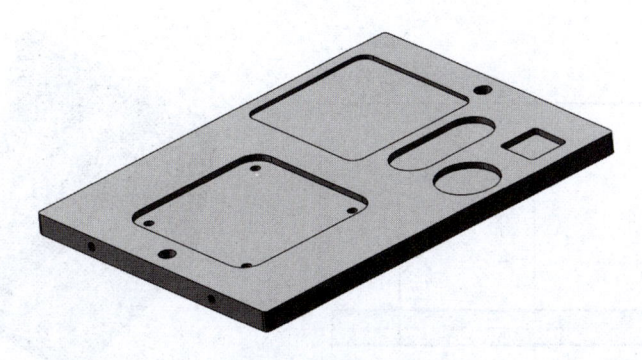

图 1-15 零件 3D 图

3. 练习 3

零件如图 1-16 所示，形状呈 L 形。草图没有可以直接调取的图形，需要用线条来绘制。首先单击特征工具栏中的"拉伸凸台/基体"按钮，然后确定前导视图为草图平面，单击草图中的"直线"按钮确定直线的几何关系为水平、垂直，最后标注尺寸，确定是否是一个封闭的图形。如上所述，图形必须是封闭的才可以拉伸，所以绘图结束后，必须检测图形是否封闭，在封闭的状态下单击确认草图功能的按钮，回到拉伸页面。这次采用对称拉伸，就是朝两个不同方向拉伸（见图 1-17），其中方向 1 和方向 2 是两个相反的方向，但两个方向的距离是相同的。接下来开始做加强筋，即中间那条支撑的结构。加强筋的做法有两

图 1-16 L 形零件　　　　图 1-17 对称拉伸

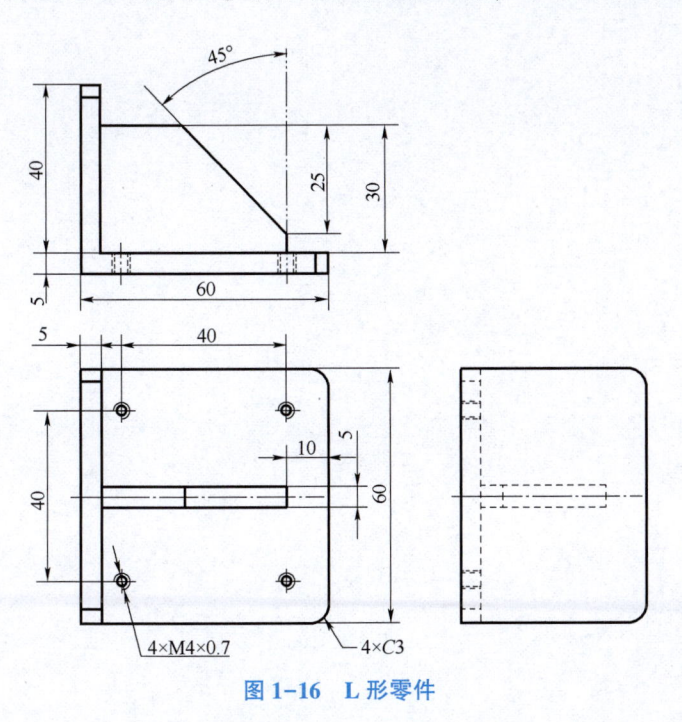

7

种：一种是直接使用拉伸凸台的方法朝两个方向对称拉伸；另一种则是选择特征工具栏中的"筋"命令做一个比较开环的草图（见图 1-18），然后单击"对称"按钮，输入厚度尺寸，再绘制螺纹（见图 1-19）。

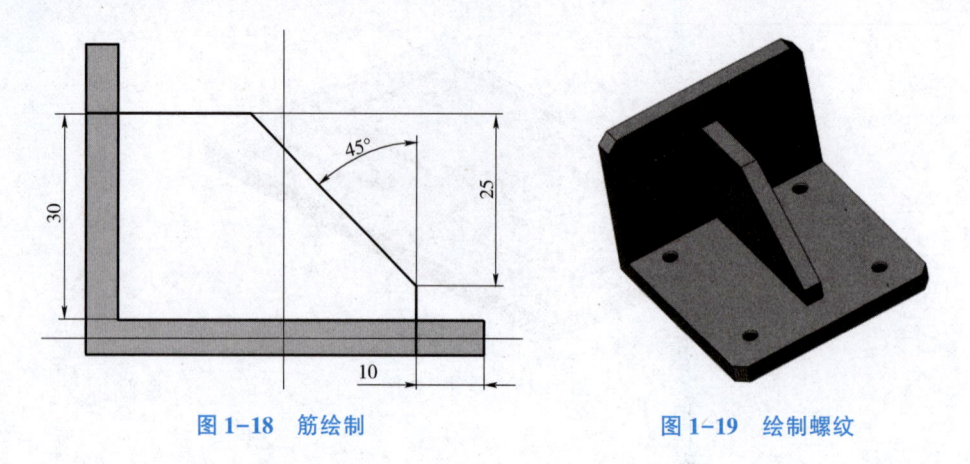

图 1-18　筋绘制　　　　　　　　图 1-19　绘制螺纹

模块总结

通过本模块学习，学生对 SolidWorks 应该有了初步了解，能够使用软件的一些基本功能把想象的零件或者设计方案绘制出来，为以后机械结构方面的设计打好基础。本模块介绍了软件的安装和软件界面，并以练习的方式介绍了软件的界面，同时也对软件命令进行了介绍。

模块 2

工业机器人轨迹练习曲面板设计与建模

模块描述

本模块主要对工业机器人的轨迹进行分析，首先提出工序上的需求，然后根据这些需求来进行设计。在设计上既要满足工业机器人的活动范围，又要确保工序满足设计目的。最后，将设计方案通过 3D 软件 SolidWorks 进行建模。

学习目标

学生通过本模块的学习培养敢于探究、勇于尝试、坚持不懈的探索精神，通过 3D 建模的方式把设计的产品表达出来，不仅能发现设计中存在的问题，还能通过讨论来优化解决方案，从而提高学生对设计的兴趣。

2.1 轨迹练习种类

机器人的轨迹练习主要分为两种：一种是在平面上绘制图形；另一种是在曲面上绘制图形。在平面上绘制图形就是把一张 A4 纸铺在一个平面上绘制图形，其对平面的高度有一定要求，至少要保证机器人可以正常地书写。当一个零件的设计无法满足需求时就需要设计装配体。无论是设计零件还是装配体都需要在满足生产需求的基础上节约成本，减少材料上的浪费。先尝试设计一个平面轨迹装配体（见图 2-1），其底座设计如图 2-2 所示。

图 2-1 平面轨迹装配体

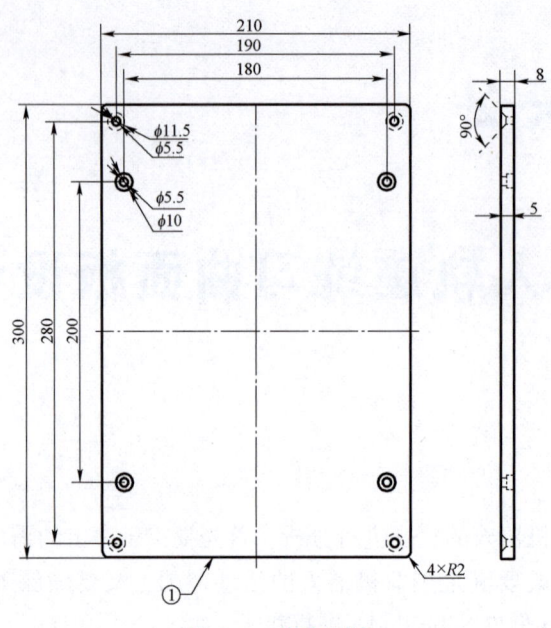

图 2-2 底座设计

设计矩形底板，底板的主要作用一方面可以固定立柱，另一方面可以将其固定在工作台上面。因此，首先需要打两个方向不一样的锥形孔。然后开始建模，和上面的建模一样，单击特征工具栏里的"拉伸凸台/基体"按钮，确定前视图为草图平面，绘制中心矩形后完成草图，根据系统的提示确定厚度。然后根据异形孔向导输入锥形孔或者沉头孔，下面锁在平台上的用 M5 的孔，上面锁立柱的用 M5 的孔。图形绘制完成后需要给零件赋予材料，右击设计树上的"Material"按钮（见图 2-3），在弹出的菜单中选择"编辑材料"命令，然后在"材料"对话框里面添加 6061 铝合金，单击"应用"按钮。

底板设计完成后，开始设计立柱。单击特征工具栏中的"拉伸凸台/基体"按钮，确定前视图为草图平面。拉伸的立柱为正六边形，在草图中有个多边形，单击那个多边形，系统会提示输入多边形的边数。输入边数"6"，单击"确定"按钮会出现一个正六边形，正六边形里面正好有一个内切圆，可以通过内切圆的直径来确定正六边形的尺寸。因为用 M5 的螺钉来锁 M5 的螺钉孔，所以内切圆的直径为 10 mm 即可。确定拉伸深度为 60 mm，然后两边钻 M5 的螺纹孔，选择特征工具栏里面的"异形

图 2-3 修改颜色

孔向导"→"螺纹孔"命令，确定螺纹孔的深度。因为立柱两边都要锁螺钉，所以两端都需要打孔 4 个，但是因为是装配体，不是零件，所以必须区分开。装配体的不同零件需要做好区分，相同的零件做一种颜色，不同的零件使用不同的颜色表示。在给立柱添加色时，选择设计树里的"凸台"命令或者直接单击立柱会显示外观，再单击外观旁边的小三角形箭头，会显示面、凸台、零件。面就是单个面染色，凸台就是这个特征改变颜色，零件就是改变整个零件的颜色。

立柱绘制完成后，开始绘制顶板（见图2-4）。单击特征工具栏中的"拉伸凸台/基体"按钮，选择前视图为草图平面，单击中心矩形标注长、宽，确认草图，根据系统提示填写顶板的厚度。然后根据孔特征打锥形孔。确定孔之间的距离，打一个销钉孔，另一个销钉孔以O形孔的形式表示，这样不仅减少一处公差定位，还方便装配，与圆柱定位销钉、菱形定位销钉的原理一样。完成顶板的绘制后，在设计树上单击"外观"按钮给顶板涂上颜色。

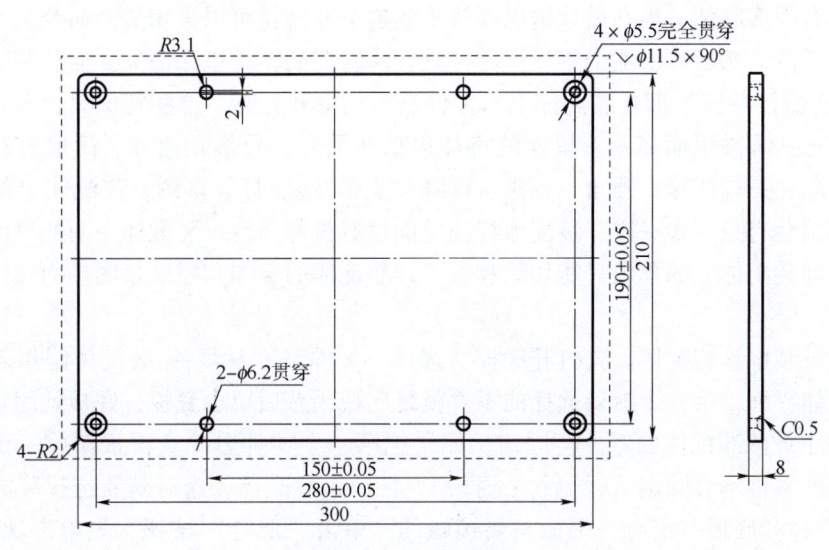

图2-4 绘制顶板

当完成零件模型后，需要把这些零件模型组装成一个装配体。现在开始制作装配体，打开SolidWorks界面选择新建装配体，或者在零件模型里面选择"文件"→"从零件/装配体制作装配体"命令（见图2-5）。这两种方法基本相同，只有一点区别。如果采用在SolidWorks界面新建装配体，需要一开始在模型上找固定零件（即装配体里面的重要零件，以该零件为基础，其他零件与这个零件都有直接或者间接的配合关系）。如果先打开底板，则在底板零件模型里打开文件，选择"从零件/装配体制作装配体"命令。装配体界面如图2-6所示。

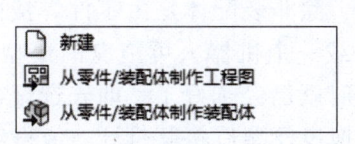

图2-5 从零件/装配体制作装配体

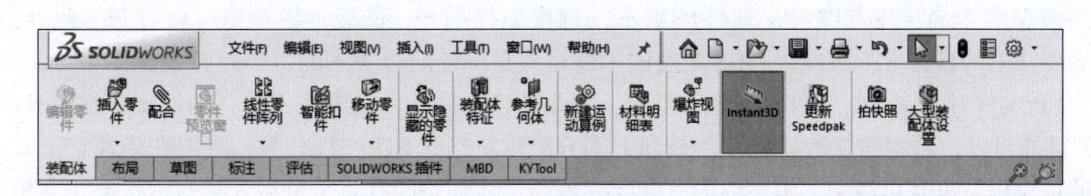

图2-6 装配体界面

下面介绍装配体界面。"插入零件"即在装配体里放入零件（装配体的第一个零件视为固定，旋转就会以它为中心），接下来是"配合"即零件和零件之间的装配关系，如重合、同心、平行等，和草图里面的几个关系很像。零件阵列又分为线性零件阵列、圆周零件阵列、阵列驱动零件阵列、草图驱动零件阵列、曲线驱动零件阵列、链零件阵列、镜像零件，这些需要自行了解，在工作中可能都会有所涉及。"移动零件"即拖动那些尚未配合且没有固定的零件。"显示隐藏的零件"在工作中比较常用。假如在装配体里面隐藏一些零件，而整个装配体有很多零件，当在设计树里面找不到这个零件就可以采用这个命令，单击后找到需要显示的零件，然后单击那个零件该零件就会从隐藏的零件里面消失，而从装配体里面显示出来。"装配体特征"即在装配体上对零件进行切除和打孔，这些特征只会在装配体中显示，不会在这些零件里面显示。里面的特征包括孔系列、异形孔向导、简单直孔、拉伸切除、旋转切除、扫描切除、圆角、倒角、焊缝、皮带/链。打开草图，装配体上的草图和零件上面的草图会有点不太一样。装配体特征里面没有拉伸凸台，装配体上面的草图无法拉伸只能切除，即装配体上的草图只能切除和参考。装配体的草图和零件草图界面相同，就不做过多介绍了。

下面尝试装配该装配体。先打开底板，选择"文件"→"从零件/装配体制作装配体"命令进入装配体界面，第一个默认选择的零件就是底板，然后单击底板，底板就固定在装配体里面（第一个放入装配体的零件会固定，如果把第一个零件删除，再重新放一个零件，那么重新存放的零件不会固定）。然后，选择把立柱放进装配体，这时就要选择装配关系（见图 2-7）。立柱和底板一定有一个面是要接触的，单击"配合"按钮，先单击顶板上的面，然后单击立柱的一个端面（因为立柱的两个端面是一样的，所以单击立柱的任意一个端面都是可以的）选择关系为"重合"（见图 2-7）。确立一个重合关系还不够，这时柱子可以随意移动，因此要把柱子与孔位进行配合，再单击"配合"按钮，设置螺钉柱接触底板端面位置的螺钉孔和底板的孔位配合关系为"同心"（见图 2-8）。现在开始配合顶板，单击"配合"按钮，单击顶板的底面和立柱顶端平面确定配合关系为重合，之后重复上面的步骤确定两个螺钉孔配合关系为同心，这样这个装配体就完成了。

当装配体设计完成后，任务还未完成。这只是一个比较初始的方案，一般装配体完成后会根据客户需求或者产品进行改动，未能满足需求则要继续进行优化。当装配体进行优化时零件也必然要进行改动，除非装配体是由零件焊接而成的，焊接完成后再进行加工可以不用修改零件。现在下载一个机器人可拖曳的模型，其下载链接可从官网获取，机器人的型号一般在方案确定时就已经选好了，即先选好机器人型号，然后根据型号进行设计。当下载好机器人的可拖曳模型后将其打开，值得注意的是可拖曳的机器人模型都是由 SolidWorks 的装配体和零件组成的。下载时必须注意 SolidWorks 的版本，如果下载的模型版本高于 SolidWorks 软件的版本，则模型打不开，低版本模型则可以打开。此外，需要注意的是像 STP/STEP、IGS 之类的中性格式是不带配合关系的，当打开装配图为 STP/STEP 文件时，则单击零件可以随时拖曳，如果要恢复原状，只能在不保存的情况下按 Ctrl+Z 键才可以，若中间单击"保存"按钮，则只能重新打开 STP/STEP 等一些中性格式。下载的拖曳模型也有可能动不了，因为有些配合限制了让开始的状态是机器人的初始状态。当机器人动不了时，基本上都是配合上限制了，可找出限制机器人运动的配合关系并进行处理就能解决机器人不能动的问题。当机器人能动时，拖曳机器人看设置的高度适不适合机器人书写。台子太低就伸长立柱，台子太高就缩短立柱，一般不需要过多考虑台子的大小问题，普通 A4 纸的大小（297 mm×210 mm）就可以满足机器人轨迹的需求，太大了也没有必要。

图 2-7　选择关系为重合　　　　　图 2-8　配合关系为同心

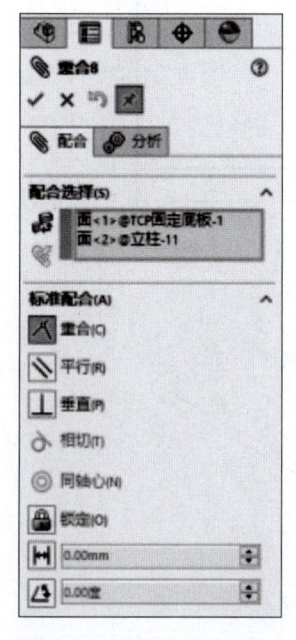

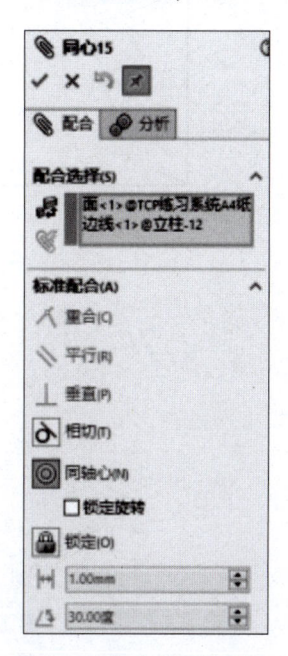

下面尝试在曲面上绘制图形，首先需要选择一个适合的机器人。常见的工业机器人有四轴机器人和六轴机器人，六轴机器人的自由度更大，也能实现更多的复杂动作，这里选用六轴机器人。选择好机器人的轴数后，选择机器人的活动半径，因为是做曲面的轨迹，活动半径为 600 mm。选好半径后，再选择机器人的负载，考虑机器人要做的其他工作，如码垛、喷涂、搬运等，要算上一些快换、气缸、吸嘴、加工件等，所以选择机器人的负载为 5 kg。常见的机器人品牌有 ABB、安川、发那科、节卡、库卡、松下等。

确定好适合的机器人后，下载对应的资料，如可拖曳的 3D 模型或者 3D 的中性格式，还有一些关于机器人的产品资料，方便以后调试。机器人一般不会直接放在地面上，而是会存放在机器人底座上或者桌面上。因为机器人尺寸比较小，质量也不是特别大，活动范围比较小，还要考虑要做的其他工作，所以应设计一个工作台面。把机器人放在工作台上，机器人控制柜和电气部分的元件放在工作台里面，工作台设计为一个抽屉结构。

先把机器人放在底座上，再设计机器人的曲面轨迹练习模块。需要先规划曲面轨迹练习模块，装配体的高度应确保机器人可以够得到，宽度可以存放一张 A4 纸。现在开始设计，先绘制机器人的底座，绘制底座草图（见图 2-9），完成草图后拉伸模型至 10 mm 的厚度。然后开始打固定孔，固定孔主要是把模块固定在工作台上。需要注意的是连接立柱的孔位两个沉头孔的方向不同（见图 2-10）。

底板完成后开始做立柱。立柱的设计以简单和经济为主，立柱是起支撑作用的，可以选择圆柱、平板、铝型材等，但尽量选择成本低、强度高且好加工的铝型材。铝型材的规格有很多种：有的截面是方形的，尺寸为 20 mm×20 mm、30 mm×30 mm、40 mm×40 mm、50 mm×50 mm、60 mm×60 mm 等；还有的截面是矩形的，尺寸为 20 mm×30 mm、20 mm×40 mm、30 mm×60 mm 等。本例的工况不适合用截面为方形的铝型材，因为一般比较小的方形立柱

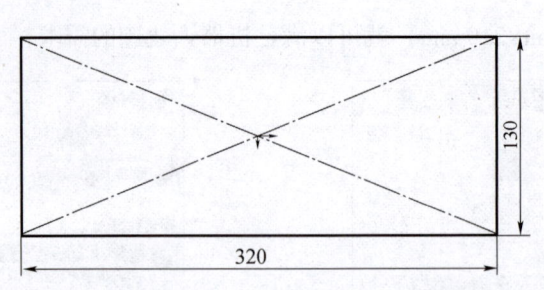

图 2-9 底座草图

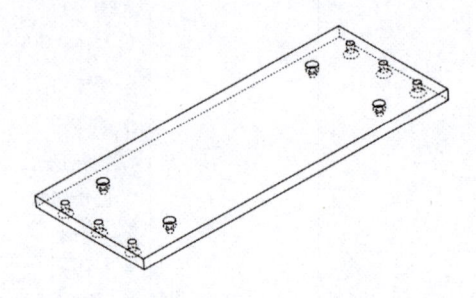

图 2-10 制作沉头孔

端面只有一个孔，在装配的时候，容易转动错位。当然可以通过安装角码来解决问题，但会增加加工难度，所以不可行。综上所述，选择截面为矩形的铝型材，尺寸为 20 mm×100 mm，端面有 5 个可攻牙的孔位，只需要选择攻 2~3 个孔即可。最左边和最右边的两个孔一定要攻牙（见图 2-11）。对于带曲面的轨迹练习板（见图 2-12），因为中间有折弯，所以可以使用 SolidWorks 的钣金功能绘制，可在工具栏空白处右击将钣金功能调出来（见图 2-13）。选择"基体法兰/薄片"命令，后系统会提示选择的平面和拉伸凸台一样，单击前视图，完成草图（见图 2-14）绘制后单击"确认"按钮，系统会提示钣金法兰参数（见图 2-15）。现在对使用的参数逐一进行分析。首先是方向，方向就是朝哪边的拉伸凸台就朝哪边。另一个比较常用的是钣金参数，钣金参数中的 T1 代表钣金的厚度，因为要打孔且要保证螺钉不凸出表面，厚度暂定为 5 mm，后续如果需要更改再去修改。"反向"复选框是否勾选可用来确定草图的线条是在钣金的上方还是下方。其他参数不做修改，采用系统默认值。后面进行打孔，孔位和铝型材一样，因为采用的是钣金，钣金都是铁，所以质量比较重，打孔时不能打沉头孔，因为打沉头孔会对板材的厚度要求高，所以选择打锥形孔。

零件绘制好后，就开始进行装配，先新建一个装配体，插入零件底板，然后插入零件立柱，再选择立柱端面和底板平面进行配合（见图 2-16），配合关系为重合，螺钉孔和沉头孔同心，配合之后发现立柱可以转动，把立柱的侧面和底板的侧面重合，只要将一根立柱装配好，另一根立柱不需要装配，直接阵列过去。单击"线性零件阵列"按钮，方向采用底板棱边（见图 2-17），然后确定方向，输入距离为 300 mm，数量为 2（要算上原来的那个）。现在可以插入曲面面板了，配合方式也一样，先把曲面面板的底面和立柱的另一个端面重合，然后设置面板的锥形孔和立柱的螺钉孔配合关系为同心，侧面配合关系为平行。

图 2-11　铝型材端面攻牙

图 2-12　带曲面的轨迹练习板

图 2-13　钣金功能的标题栏

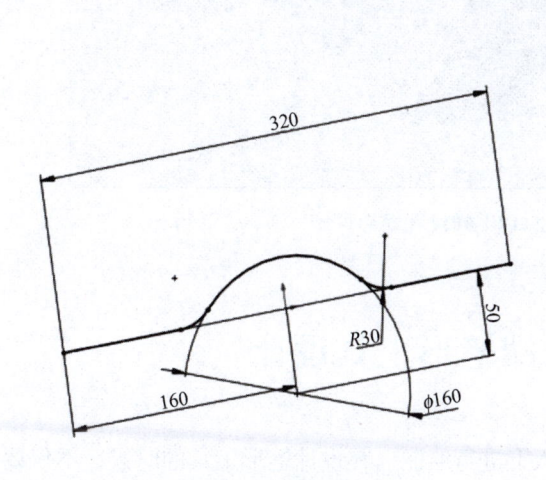

图 2-14　绘制草图

图 2-15　钣金法兰

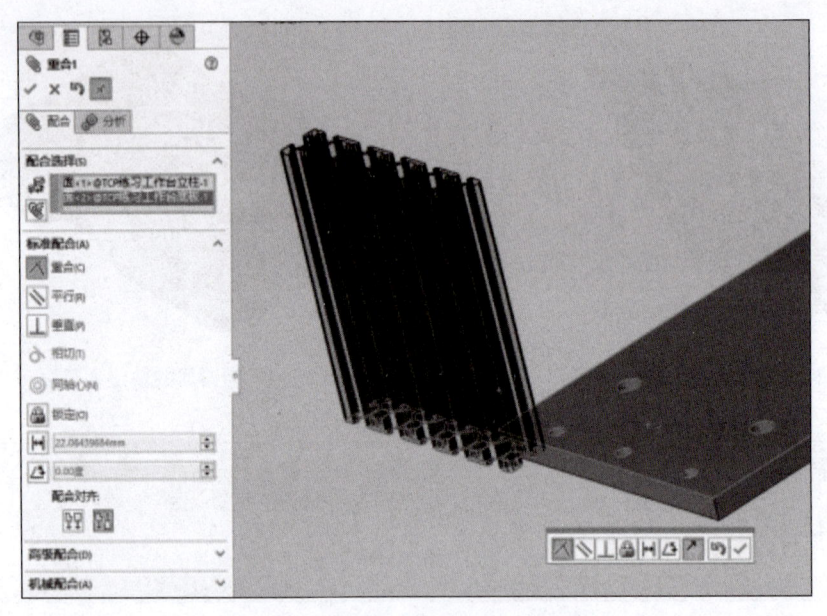

图 2-16 立柱端面和底板平面进行配合

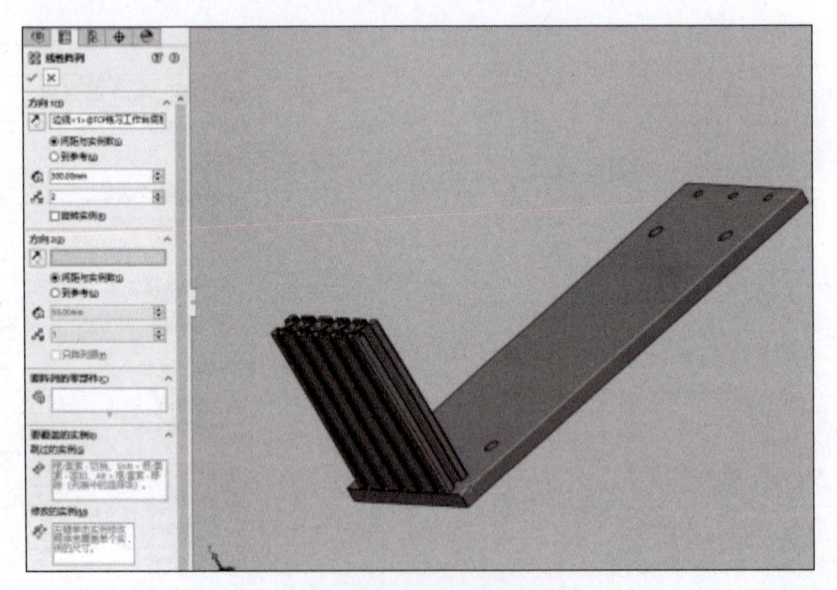

图 2-17 螺纹孔同心

2.2 末端笔形工具设计

笔形工具主要用于在平面和曲面面板上进行绘制。在设计笔形工具的时候,不仅要把笔绘制出来,还需要固定。常见的笔形工具主要分两种:①不可伸缩的笔形工具,即笔被固定无法伸缩;②可移动的笔形工具,因为里面存在弹簧,所以笔可以在一定的范围内移动。

1. 不可伸缩的笔形工具设计

不可伸缩的笔形工具装配体（见图 2-18）分为安装板、笔、抱箍。下面先尝试设计笔，笔的材料采用铝合金 6061。先打开 SolidWorks 进入界面后，单击"零件"按钮，在零件界面单击特征工具栏里面的"拉伸凸台/基体"按钮，然后根据系统提示，进入草图，在草图的面板上画出中心圆，单击完成草图功能图标按钮，拉伸长度为 120 mm。笔两头的两个圆锥面（见图 2-19）可以直接通过倒角的方式制作，在倒角之前需要做出规划，一端用来做笔尖，另一端就作为导向用来倒角。

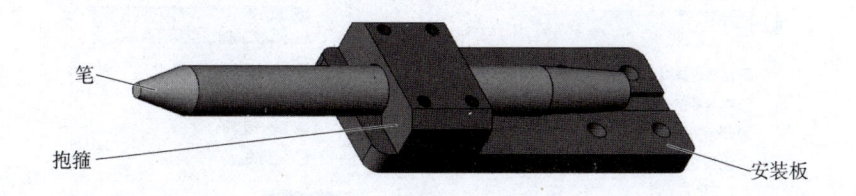

图 2-18 笔形工具装配体

图 2-19 笔两头的两个圆锥面

可以看出这两个倒角和一般的倒角不太一样，一般的倒角两边的距离是一样长的，角度为 45°，这两个倒角相差比较大，在工作中这种非标的倒角是比较常见的，主要出现在轴类用于配合或者用于导向和其他不同的工况。倒角的时候单击"倒角"按钮，弹出"倒角"属性管理器（见图 2-20）之后，单击需要倒角的边，设置距离为 3.5 mm，角度为 75°。"倒角参数"里面有一个"反转方向"复选框，系统默认的倒角可能会把方向倒错，所以需要检查一下，并勾选"反转方向"复选框。另一端导向端采用相同办法，不过方向是相反的（见图 2-21）。在导向的时候一定要注意方向，这里 20 mm 的方向是轴向，3.5 mm 的方向是径向方向。

现在开始绘制安装板，单击特征工具栏中"拉伸凸台/基体"按钮，选择前视图作为草图平面，绘制一个长度为 30 mm、宽度为 5 mm 的矩形，单击完成草图，拉伸长度为 80 mm。然后开始倒圆角（倒角是导向，圆角一般倒在表面，防止刮伤），圆角大小为 R3。倒完圆角后，开始钻孔，大小为 ϕ4.5 mm（装配 M4 的螺钉）的通孔，可以直接使用特征工具栏拉伸切除，也可以使用异形孔向导选择简单孔。孔的数量为 4，孔和孔之间的中心距离为 16 mm，前后左右的中心距离都为 16 mm，两边的孔沿底板中心对称，孔中心到末端的距离为 6 mm。接着在另一端需要切出来一个直槽口来固定抱箍。单击特征工具栏里的"拉伸切除"按钮，选择安装板的上表面为草图平面，然后单击草图中的直槽口按钮（见图 2-22），直槽口的宽度为 3.5 mm（用于固定 M3 的螺钉），长度为 20 mm。绘制两个直槽口，安装板的中心对称距离为 20 mm，直槽口末端中心的距离到安装板末端平面的距离为 8 mm，然后完成草图，打穿安装板。下面需要绘制一个中心凹槽，零件中心位置主要用来定位笔的位置。单击安装板的末端平面，以此为基准平面来拉伸切除，因为笔的直径只有 10 mm，所以定位的凹槽不需要太大，绘制长度为 5 mm、宽度为 1 mm 的凹槽。凹槽草图以安装板端面的直线中心为基准，绘制一个长度为 5 mm、宽度为 2 mm 的矩形（见图 2-23），然后直接贯穿。

图 2-20　倒角　　　　　　　　　图 2-21　非对称倒角

图 2-22　直槽口按钮

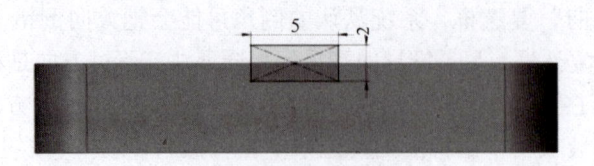

图 2-23　绘制矩形草图

当安装板、笔设计好了就开始设计抱箍，抱箍的作用是用来把笔固定在安装板上。抱箍的尺寸是按照笔的尺寸来设计的。比如，设计的笔的直径为 10 mm，抱箍圆槽的直径要大于 10 mm，比笔的直径大 0.5 mm 左右能够轻松地放进去，如果抱箍圆弧的直径小于笔的直径，则抱箍卡不进去，所以抱箍圆槽必须大于笔。单击特征工具栏中的"拉伸凸台/基体"按钮，然后选择前视平面为草图平面，绘制草图，先绘制一个矩形，标注长、宽，长度和安装板的宽度是一样的，抱箍的宽度暂时设计为 10 mm，如果少了，后续可以进行修改，然后完成草图，拉伸长度为 20 mm。现在设计用来固定笔的圆槽，因为笔的直径为 10 mm，抱箍圆槽的直径就可以设计为 10.5 mm。

设计抱箍的时候需要注意，因为是螺钉锁紧的，所以抱箍和安装板之间要有一定的距离（见图2-24）。如果不留距离则锁不紧，笔很容易掉出来。把抱箍拉成长方体后开始切圆槽，先切半圆，然后绘制两条直线，这两条直线和刚才绘制的圆弧要相切，可以在草图上进行模拟（见图2-25），单击草图上的直线就会弹出线条属性。线条属性里面有一个命令"作为构造线"，这里的构造线不参与拉伸和切除等命令，仅仅起参考作用。构造线在以下场合使用得比较多：①在设计零件结果的时候，可以用构造线做出与之相连接的零件轮廓，来验证设计零件结构的正确性；②在以一条直线或者一个圆为基准做设计的时候，因为其他的轮廓线和它有很多的几何关系，不方便删除，所以就把它们改为构造线，这时候几何关系还存在。

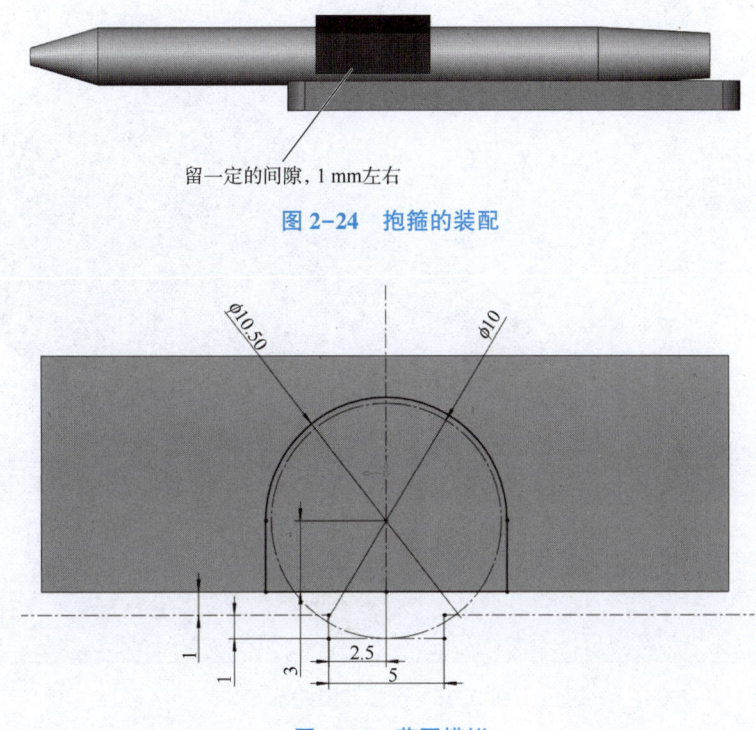

图 2-24　抱箍的装配

图 2-25　草图模拟

使用构造线作为参考的时候要注意，绘制的构造线容易和轮廓线发生重合，这会导致轮廓线有时无法选中。当图形绘制完成后，要保证轮廓线是封闭的，构造线无须封闭。确定好了，直接单击完成草图功能按钮，然后拉伸切除，完全贯穿，给两边倒角。当抱箍的圆槽完成后，开始打固定孔位，固定孔位要对应安装板上的U形槽，大小为M3（因为安装板U形槽的宽度为3.5 mm），为了防止刮伤和应力集中，对外露的角进行倒圆角。抱箍也使用铝合金6061，表面处理为阳极氧化。

把零件建模做好后开始组装成装配体。先选择"文件"→"从零件/装配体制作装配体"命令。再单击"浏览"按钮，然后在文件夹里面选择安装板，单击"确认"按钮，做装配体的时候，第一个放入的零件默认是固定无法移动的。再把绘制好的抱箍放进来安装在装配体中。选择"装配体插入零件"命令，如果没有显示抱箍，则单击"浏览"按钮，选择保存抱箍的文件夹，然后再单击抱箍的零件，确认后抱箍就会在装配体中显示出来。当抱箍在装配体中显示后，单击抱箍就会在装配体中确定下来。把抱箍放在装配体中开始确定配合关系。先单击配合，再单击抱箍的底面选择关系为重合，此时抱箍尽管不能上下地立体旋转，但是可以平面地左右旋转。需要单击抱箍左右的对称平面，如果没有对称的平面，则要新建一个平面。先单击参考几何体选择里面的基准面，选择抱箍左右两个面，新建的面就会在抱箍的正中间。再单击新建的面，采用配合里面的高级配合（见图2-26）。单击新建中间的"基准面"按钮，然后单击安装板两侧的面，在"高级配合"的命令里选择"对称"命令。最后确定的就是抱箍的前后距离，单击"配合"按钮，再单击抱箍的端面，然后单击安装板的端面，选择配合里面的距离，确定好距离的数值，这样抱箍就被完全固定了。

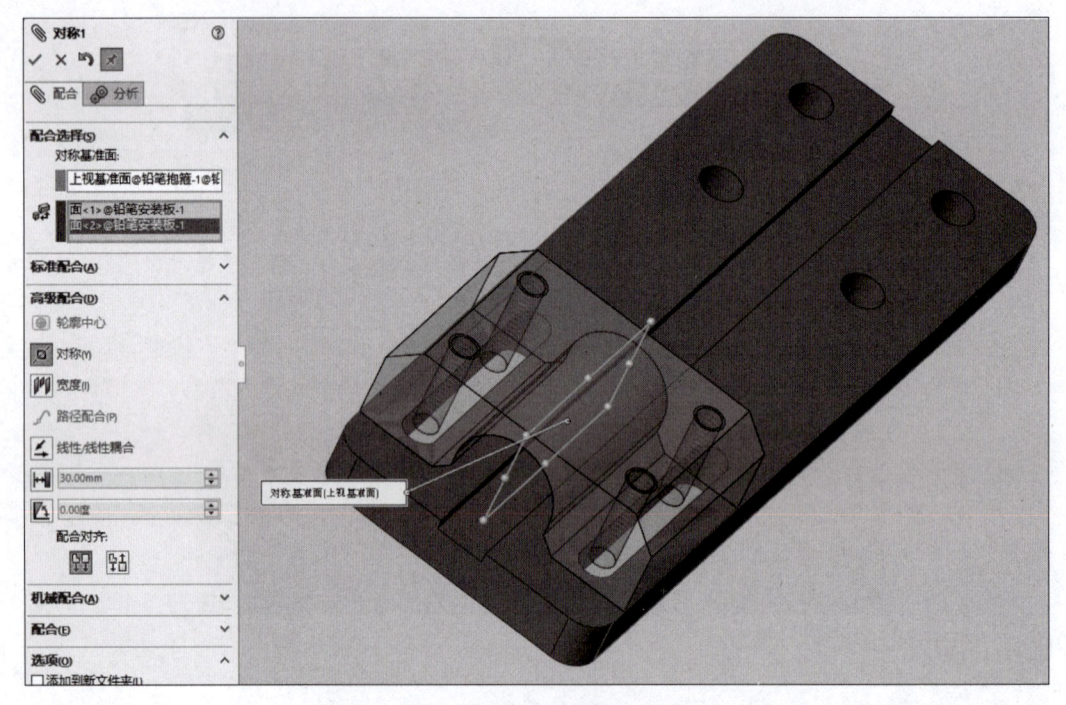

图2-26 选择装配关系

将抱箍安装完成后安装笔，选择装配栏里面的"插入零件"命令，如果零件里面有"笔"的命令，那就直接选择"笔"命令，然后单击，若没有"笔"命令，那就和上述的过程一样，单击"浏览"，再选择笔所在的文件夹，打开之后，单击笔，就将其放在了装配体里面。把笔放在装配体里面，就需要注意笔的方向和倒顺，笔尖的一端要朝外，导向的一端要朝工具固定法兰的那端。选择"笔"命令，然后按住鼠标右键可以进行旋转，这时就可以单独调整笔的方向，否则等到后面配合好，就不能单独调整了。之后就可以进行配合，单击"配合"按钮让笔和抱箍上的圆同心，但是笔在轴向既可以前后地移动，又可以通过配合限制笔的位置。

2. 可移动笔形工具设计

现在了解可以移动的笔形工具（见图2-27），可以移动的笔形工具就是里面的笔在书写的时候是可以伸出来的，不写字的时候笔是缩进去的，相当于有一定的缓冲作用，对机器人的精度和调试的要求没那么高。现在了解其结构。要想了解结构不能只看外形,可以做个笔形工具的爆炸图(见图2-28),内部的结构就可以完全表达出来了。

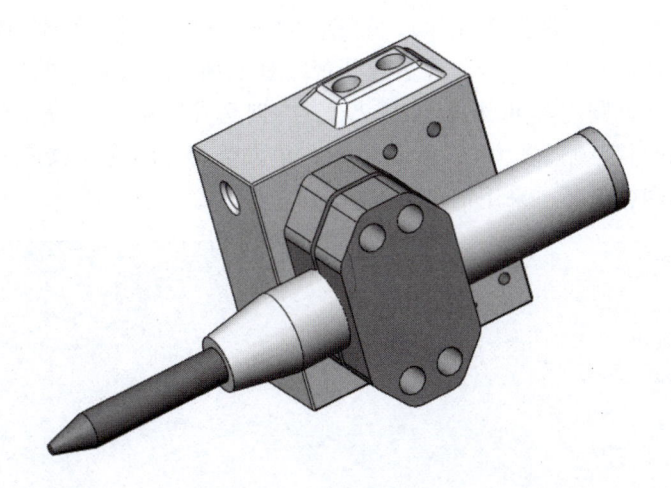

图2-27 可移动笔形工具

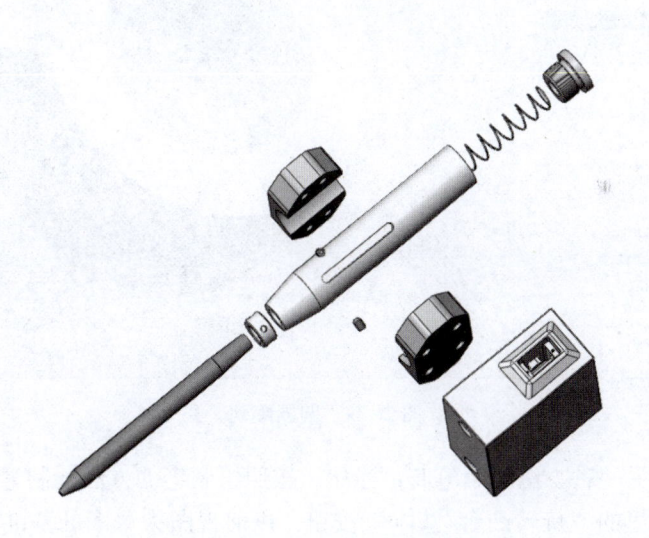

图2-28 笔形工具的爆炸图

可移动笔形工具里面有笔芯、卡环、机米螺钉、笔筒、弹簧、端盖,还有前后两个抱箍(快换现在不考虑设计)。先绘制零件,然后再进行装配。首先绘制笔芯。按之前草图绘制的步骤绘制一个直径为10 mm的圆,完成草图,拉伸至120 mm,然后和做固定的笔形工具一样对笔进行倒角。笔设计完成后开始设计卡环,按之前的步骤创建绘制草图的平面。单击前视图作为绘制草图的基准平面,先绘制一个内环,内环的直径为10 mm,和笔芯的尺寸一样(尺寸相同出现装不进去的解决方案是出工程图时添加公差)。按下来再绘制外环,外环的直径为16 mm,后续也可以再进行修改。草图绘制完成后,单击"完成"按钮完成草图绘制,按系统提示输入拉伸长度为8 mm。圆环画出来之后,需要打螺纹孔,螺纹孔为M4。在圆柱上打螺纹孔没有平面上那么容易。打开异形孔向导,选择M4螺纹孔。可以两边完全打穿,确定好螺纹的大小和深度后单击"位置"按钮,之后再单击圆柱表面,单击"显示/删除几何关系"的下三角按钮,添加几何关系。单击螺钉孔上面的点,然后单击前视图,几何关系为点在平面上,一个限制就做好了。现在要做另一个限制,即点在这条线上移动,再标注点在端面的距离,输入距离为 4 mm,单击"确认"按钮。做好一个孔后,另一个孔直接阵列即可。采用圆周阵列,单击"显示打开观阅基准轴和观阅临时轴",显示卡环的中心轴。再打开阵列,选择圆周阵列(见图 2-29),方向选择基准轴,特征和面选择 M4 螺纹孔,角度输入 90.0°,实例设置为 2,然后还要倒角去毛刺,因为要放在笔筒里面,所以必须使用倒角作为导向,卡环也采用铝合金 6061。

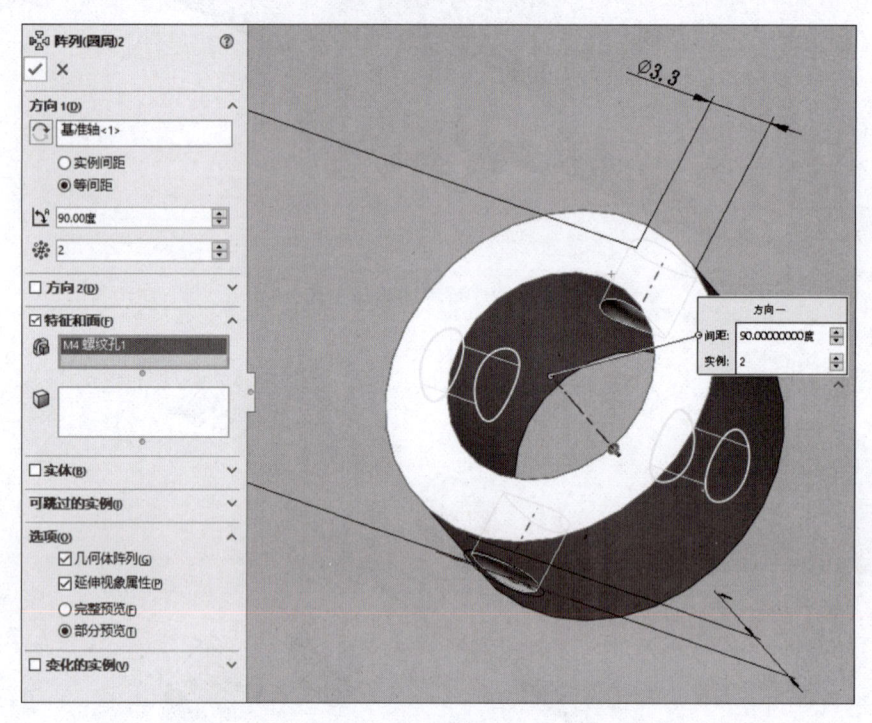

图 2-29 圆周阵列

接下来开始用另一种方法绘制笔筒。当然,按照绘制笔的方法绘制笔筒也是可以的。单击零件特征工具栏里的"旋转凸台/基体"按钮,以前视图为草图的基准平面,绘制笔筒的内部和外部。与之前的设计有所不同,这次只需要绘制一半,也就是草图绘制半个笔(见图 2-30)。其总长度为 120 mm,笔筒的内径为 16 mm,对应卡环的外径为 16 mm,因为只需要绘制一半,所以设置距离中心线的距离为 8 mm,壁厚为 3.5 mm,则笔筒的外径为 16+3.5×2 = 23 mm。笔筒里面需要设计一个台阶,这个台阶的主要作用是用来通过铅笔,其直径为 10 mm。为了铅笔可以顺畅地通过,绘图时需要放置公差,这里采用间隙配合,即孔的下偏差减去轴的上偏差大于 0。因为成本的原因,且不是高精密的工作,还有加工技术的限制,有一些形状位置公差就不用标注,尤其是笔的直线度,所以适当放大间隙即可,最小间隙为 0.06 mm 左右。

草图平面做好后,完成草图。装配的顺序是将卡环卡在笔上,把卡环放在笔芯内,然后开始安装机米螺钉。这里机米螺钉的作用主要是两个:①通过机米螺钉把卡环固定在笔芯上面,防止笔芯直接通过;②限制笔芯的位置,虽然这个笔形工具可以活动,但是总需要限制

图 2-30 草图绘制半个笔

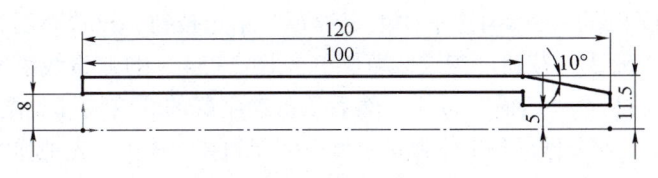

活动范围，机米螺钉就是用来限制其活动范围的。由此需要开两个直槽口，这两个直槽口的作用是用来安装机米螺钉，以限制笔芯的运动范围。单击特征工具栏里的"拉伸切除"按钮，以上视图为草图平面来绘制直槽口（见图2-31），单击草图中的直槽口，草图直槽口的中线和笔筒的轴线重合。确定直槽口的长度和距离，宽度对应卡环上设计的机米螺钉 M4，绘制好后，完成草图，把一边多余的地方贯穿。这个特征完成后在笔筒上做两个同样的直槽口，因为是笔筒，所以需要做圆周阵列。单击特征工具栏"线性阵列"的下三角按钮，选择圆周阵列只需要整列，两个槽口即垂直阵列两个即可。单击圆周阵列，选择需要阵列的特征直槽口，选择方向为笔筒的轴线，角度为 90°，数量为 2，笔筒的材料为铝合金 6061，表面处理是氧化本色。端面需要打螺纹孔，因为端面需要固定端盖，端盖是用来限制弹簧伸缩的。模型上需要绘制螺纹线条作修饰，因为笔筒的内孔为 16 mm，钻孔的大小为 M18，深度为 20 mm。选择"插入"→"注解"→"装饰螺纹线"命令（见图2-32）。

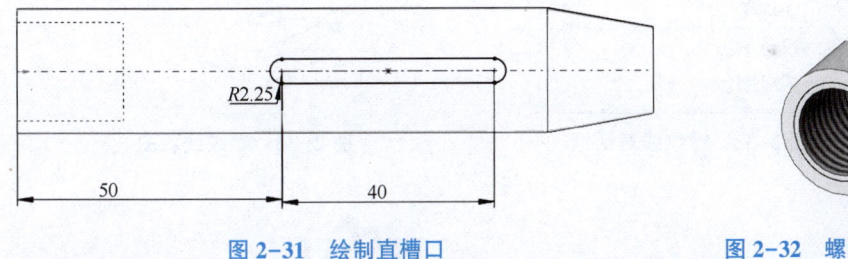

图 2-31 绘制直槽口　　　　图 2-32 螺纹修饰线条

选择标准件弹簧，弹簧是可移动笔形工具里很重要的部件。弹簧的选型公式为

$$K=(G\times d^4)/(8\times D^3\times n) \tag{2-1}$$

式中，K 为弹簧刚度，N·m；G 为线材的刚性模数，琴钢丝 $G=8\,000$，不锈钢丝 $G=7\,300$，磷青铜线 $G=4\,500$，黄铜线 $G=3\,500$；d 为弹簧的线径；D 为中径；n 为有效圈数。

弹簧受力变形计算公式：

$$\delta=(F\times L)/(K\times n)$$

式中，δ 为弹簧变形；F 为作用在弹簧上的力；L 为弹簧的自由长度。

则

$$F_2=K\times\delta$$

式中，F_2 为弹簧的工作力。

选择的弹簧线径为 $\phi1.0$ mm，外径为 $\phi13$ mm，总长度为 100 mm，材料为不锈钢。绘制弹簧的办法是先单击特征工具栏中"曲线"的下三角按钮，选择里面的"螺纹线/漩涡线"命令。根据系统的提示选择前视面，绘制一个直径为 12 mm 的圆。绘制完成后，系统会弹出螺纹线对话框（见图2-33）。因为现实中的弹簧可以压缩，模型上的不行，所以高度选择

80.00 mm。选择高度和螺距参数时选中"恒定螺距"单选按钮，设置高度为80.00 mm，螺距为3.00 mm，单击"确认"按钮。螺纹线草图（见图2-34）的弹簧线绘制完成后，开始扫描。单击特征工具栏中的"扫描"按钮，然后单击绘制好的螺纹线（见图2-35）。

弹簧绘制完成后，需要做准备工作弹簧才可以装配到装配体中。先把弹簧的两个端面切除，方便装配，然后做弹簧的中心轴，因为弹簧自带的中心轴无法在装配时被选中（见图2-36），单击特征工具栏中的"参考几何体"的下三角按钮，再单击基准轴，选择参考平面为右视图和上视图，完成新建基准轴。

图2-33 螺纹线对话框　　　　　　图2-34 螺纹线草图

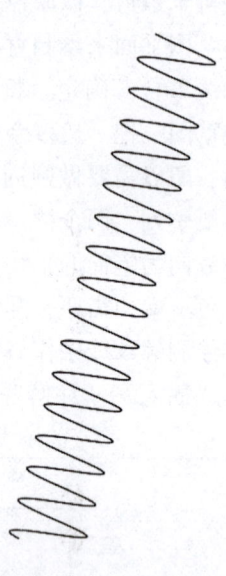

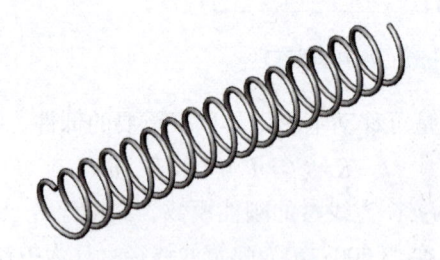

图2-35 绘制螺纹线

端盖可以直接买现成的M18的堵头，也可以自行绘制在3D模型上。单击特征工具栏中"拉伸凸台/基体"按钮，选择前视图为草图的基准平面。绘制一个直径为23 mm的圆，确认后拉伸深度为6 mm，再在原来圆的基础上，以表面为基准面和它表面圆同心绘制同心圆（见图2-37），因为笔筒上的螺纹为M18，所以堵头也需要M18的螺纹与之配合。这个圆主要是拉伸一个螺纹退刀槽，然后单击"确认"按钮拉伸3 mm。

以绘制好的螺纹退刀槽表面为基础，再绘制一个直径为18 mm的圆，该圆与退刀槽表面圆是同心的关系，单击"确认"按钮。拉伸深度加退刀槽深度要小于20 mm。这里拉伸深度为12 mm，然后倒角C1作为导向，选择"插入"→"注解"→"螺纹装饰线"命令，选择螺纹M18螺纹修饰线（见图2-38），还需要绘制一个扳手位置，以端盖圆柱面的端面为基准，

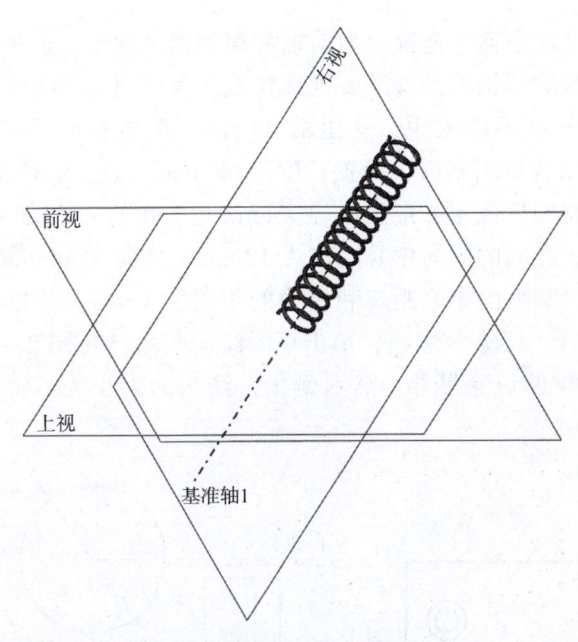

图 2-36 绘制螺纹线轴芯

绘制一个正六边形的凹槽作为扳手位,选择"拉伸切除"命令,然后选择端面为草图平面,绘制一个正六边形,确定内切圆的直径为 8 mm,然后拉伸切除,拉伸深度为 6 mm。绘制扳手位置如图 2-39 所示。

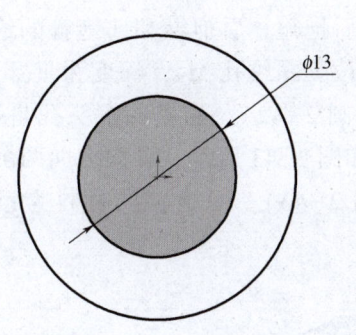

图 2-37 绘制同心圆

图 2-38 螺纹修饰线　　　　　图 2-39 绘制扳手位置

端盖设计完成后设计抱箍，抱箍分为前抱箍和后抱箍两个。前抱箍主要用于锁笔筒和连接后抱箍，而后抱箍除了锁笔筒外还要连接快换工具座（该模块不用设计）。先来绘制前抱箍，抱箍抱紧的长度不能太短，这里取 35 mm。单击特征工具栏中"拉伸凸台/基体"按钮，选择前视图为草图平面，设置长度为 60 mm，宽度为 35 mm。完成草图，然后拉伸深度为 15 mm，拉伸后使用异形孔向导实行钻孔，孔的大小为 M4，深度为贯穿，成孔内形为柱形沉头孔。孔间的竖向中心距离为 12 mm，横向为 44 mm（见图 2-40）。钻完孔之后开始切除圆弧。圆弧的中心距离和棱边的距离为 1 mm，圆弧和沉头不在同一个方向。单击特征工具栏中"切除"按钮，单击草图绘制圆弧（见图 2-41），绘制好草图后，单击"确认"按钮，拉伸切除贯穿。然后倒角，倒角的大小为 $C10$，倒角为圆角，圆角大小为 $R5$。

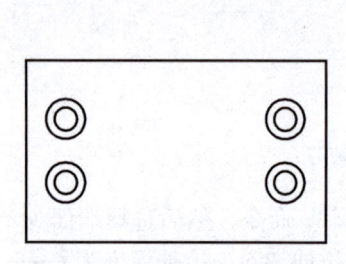

图 2-40　绘制矩形并且打孔　　　　图 2-41　绘制抱箍凹陷

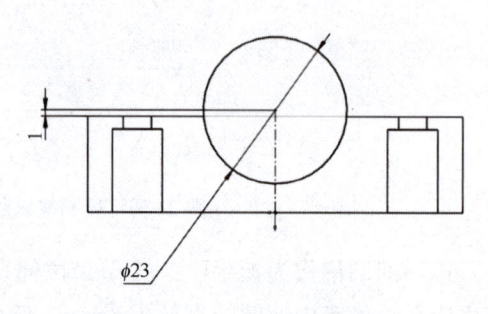

绘制好前抱箍后开始绘制后抱箍，后抱箍和前抱箍的绘制方法相似，外形尺寸一样，孔位也一样，把上述的沉头孔改为螺纹孔 M4，深度为贯穿。另外增加一组孔，这组孔用来固定到快换工具块上面（见图 2-42）。这里的沉头孔是打在圆弧切割面上的，沉头孔的大小为 M5。沉头孔的距离如图 2-43 所示，轴向方向两沉头的距离为 20 mm，径向方向两沉头的距离为 26 mm（见图 2-43）。后抱箍的材料为铝合金 6061，表面处理为阳极氧化。

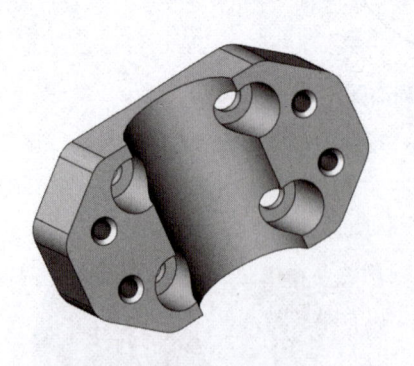

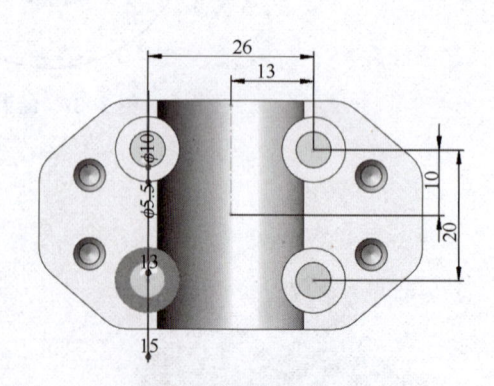

图 2-42　增加孔位　　　　图 2-43　绘制孔位草图

零件建模完成后开始组装，打开 SolidWorks 软件新建装配体，然后单击"插入零件"按钮，选择插入笔筒命令，以笔筒为基础零件开始装配，因为所有的零件都是围绕着笔筒展开组装的。放入笔筒后，再选择插入零件卡环命令，单击"配合"按钮，然后设置卡环的表面和笔筒的内壁配合关系为同心，此时卡环还可以随便移动，选择"配合同心"命令，将螺钉的中心和直口槽的中心同心（见图2-44），这样卡环就装配进去了。装配完卡环后把笔芯装配进来，单击"插入零件"按钮，单击"浏览"按钮，找到笔芯的零件文件后打开，将笔芯放在装配体里，然后单击"配合"按钮，设置笔芯的外圆和笔筒的外圆同心，把笔芯放进去。为防止笔芯轴向移动，单击笔的端面，设置笔筒的端面限制距离为30 mm。插入两颗机米螺钉，把机米螺钉同心放入螺纹孔内。接下来把弹簧放在笔筒内。

选择装配体中的"插入零件"命令，把弹簧打开放到装配体中，单击"配合"按钮，然后选择给弹簧新建基准轴，把基准轴和笔筒的基准轴重合在一起。把刚切的两个小平面中一个小平面与卡环配合重合。

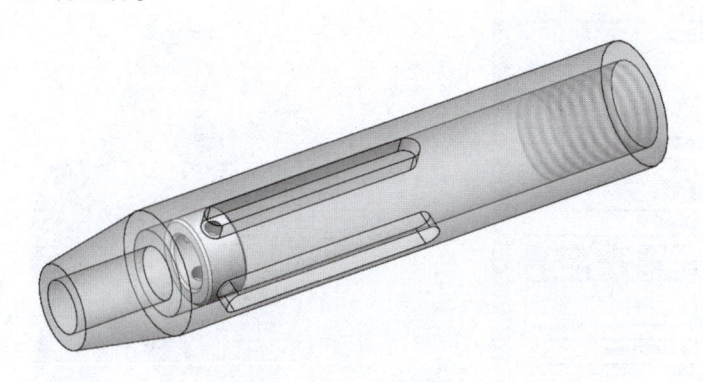

图2-44 绘制直槽口

弹簧装配好后开始装配端盖，把端盖调出来，配合关系为同心，然后下面的面选择重合即可。端盖装配后开始装配抱箍。先装配前抱箍，插入零件，浏览找到前抱箍文件后打开。把前抱箍放在装配体后，单击前抱箍，按住鼠标右键旋转前抱箍，把前抱箍放在合适的位置上。选择"配合"命令，选择前抱箍的圆柱面和笔筒的圆柱面，先单击同心往后，再单击前抱箍的端面，选择笔筒端盖的端面，距离填写为60 mm，然后装配。后抱箍调入方法和前抱箍一样，配合也是先单击后抱箍后按住鼠标右键，把零件拖曳到合适的位置，配合抱箍的圆弧切面和笔筒的表面，配合关系为同心。然后螺钉孔和前抱箍同心。

为把装配体里面的结构表达清楚，一般会修改零件的透明度（见图2-45）。可以通过修改零件的透明度或通过做爆炸图来观看装配体里面的结构。打开装配体，选择"爆炸视图"命令（见图2-46）。爆炸视图对话框如图2-47所示，单击抱箍会出现一个黄色的坐标系即爆炸位置（见图2-48），尝试拖曳抱箍，在 Z 方向上拖动之后，单击"完成"按钮，接着拖曳下个零件，还可以同时选择两个零件，然后同时拖曳这两个零件。如果同时选择两个零件一定要按住 Ctrl 键再拖曳零件。可移动笔形工具爆炸图如图2-49所示。如果想恢复原状就右击，单击设计树总装配体，然后选择"解除装配"命令恢复原来的形态。

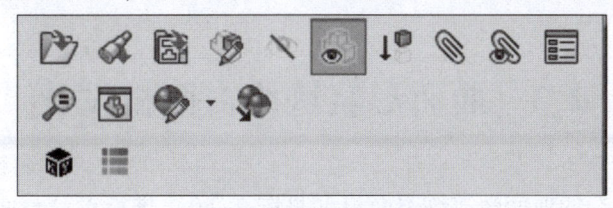

图2-45 修改零件透明度

图 2-46 装配体标题栏

图 2-47 爆炸视图对话框

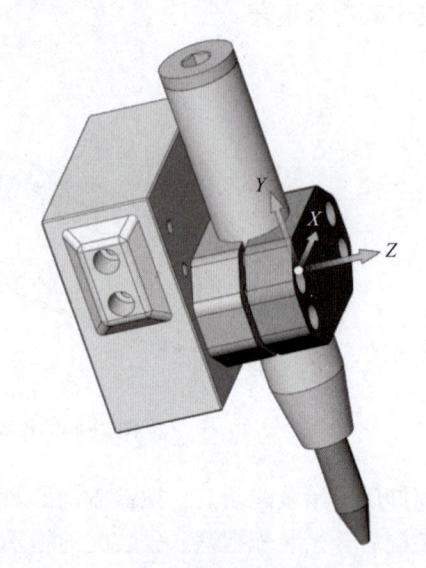

图 2-48 爆炸位置

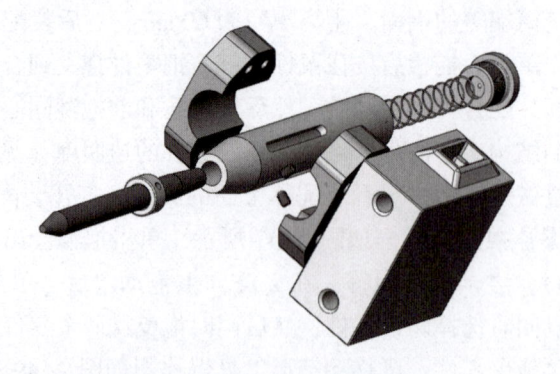

图 2-49 移动笔形工具爆炸图

2.3 曲面形轨迹练习面板设计

本节针对相对复杂的曲面轨迹练习面板（见图 2-50）进行设计。面板曲面相对来说坡度比较大且曲面上存在一些图案。因为坡度比较大，所以使用可伸缩移动的笔形工具进行练习。下面开始对该面板进行设计和绘制。先单击特征工具栏的"拉伸凸台/基体"按钮，选择前视图作为基准平面，草图长度为 210 mm、高度为 50 mm。曲面轨迹草图如图 2-51 所示。

图 2-50　曲面轨迹练习面板

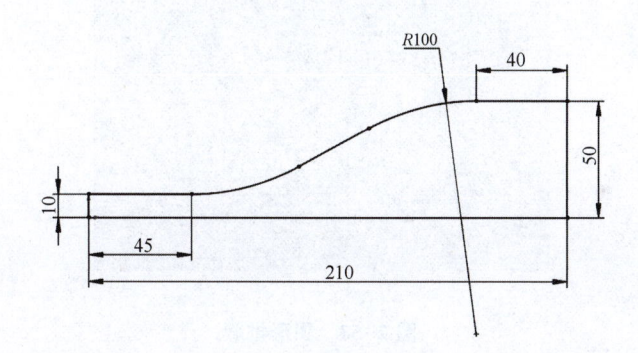

图 2-51　曲面轨迹草图

完成草图后选择对称拉伸，即单侧长度为 75 mm，总拉伸长度为 150 mm。把凸台拉伸好后开始绘制表面图形。新建基准面以凸台底面为基准，基准面的距离为 50 mm，方向为垂直向上。然后以这个基准面为基础绘制草图（见图 2-52）。按照给定的尺寸绘制这个类似 W 的图形，因为该图形左右对称所以绘制一半后，另一半镜像即可。把草图绘制好后单击完成草图功能按钮，这时草图还在新建的这个平面上。选择工具栏里面的"插入"→"曲线"→"投影曲线"命令，然后选中刚才绘制的草图投影到曲面上。这个投影曲线无法拉伸切除，可使用 3D 草图来转化该曲线，单击"草图"→"3D 草图"按钮。然后单击"转换实体引用"按钮，把曲面上的曲线一一单击转化。完成草图后再拉伸，切除深度为 3 mm，这样即可完成该曲面图形的绘制。

按照上述的方法在新建的基准面上一一绘制需要的图案，具体的尺寸可以按照已经绘制的图形合理排版。图形排版如图 2-53 所示。画完图形后需要在图形底部倒圆角排版。需要注意的是如果不适当地倒圆角，底部可能出现加工不出来的情况。

当曲面轨迹面板上的图形绘制好之后还需要绘制一个针形立柱用于调试和对正。单击特征工具栏中"旋转凸台/基体"按钮，然后单击前视图绘制的针形立柱草图（见图 2-54）。

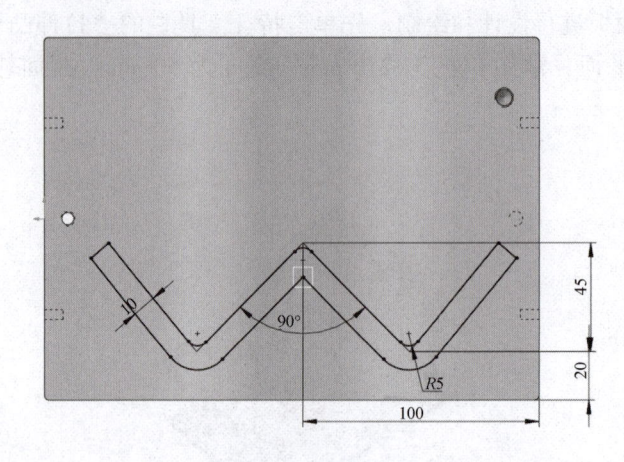

图 2-52 绘制草图

图 2-53 图形排版

按照图形的形状来绘制。因为按照中心轴旋转，所以只需要绘制一半就可以了。绘制好之后单击"完成草图"功能按钮，然后以中心轴为基准旋转草图。需要在两侧切除一个扁位，方便扳手能够拧紧。再绘制一个螺纹线到底部的圆柱上，然后绘制普通螺纹的牙型及等腰三角形，完成草图后单击特征工具栏里的"扫描切除"按钮。轨迹按照绘制的螺纹线，切除的截面按照绘制的等腰三角形（见图 2-55）。在曲面轨迹的面板上钻孔，用来固定针形立柱，曲面轨迹面板上需要固定把手用于搬运，所以需要另外追加几个螺纹孔。

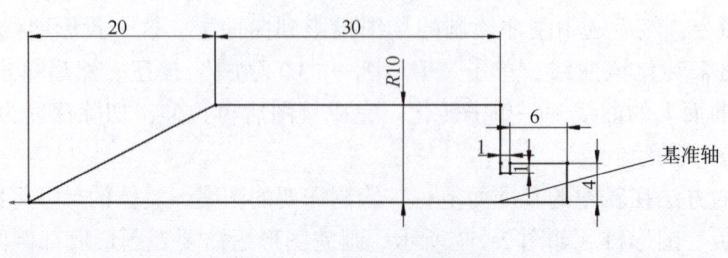

图 2-54 针形立柱草图

接下来绘制立柱。立柱采用正六边形。立柱两端钻孔，孔的大小为 M5，深度为 12 mm。

立柱固定在底板上面，底板钻两组孔位。两个沉头相反的孔位一个固定立柱，另一个固定底板。曲面轨迹装配爆炸图如图 2-56 所示。

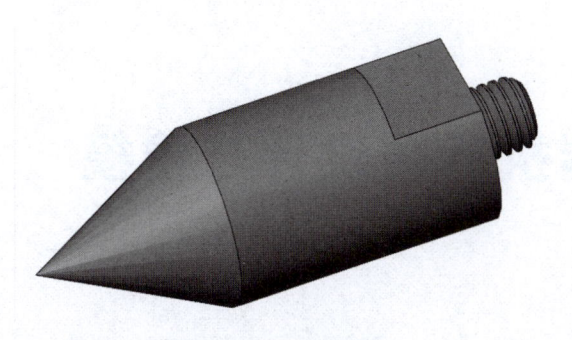

图 2-55　绘制螺纹线

图 2-56　曲面轨迹装配爆炸图

模块总结

本模块锻炼学生对产品的规划和设计能力，通过条件限制来设计满足工序要求的产品，同时也锻炼了空间想象力和对 3D 软件 SolidWorks 的应用能力。本模块通过绘制较上一模块复杂的零件，可增强学生对 SolidWorks 装配体知识的了解，同时还介绍了装配体的操作界面，并详细介绍了装配体的制作过程。

模块 3

工业机器人末端执行器设计与建模

模块描述

本模块主要是关于工业机器人的运用，学习在使用工业机器人工作的情况下如何设计机器人的末端执行器，如何设计工业机器人的末端执行器以及末端执行器在不同的工况下应该满足的条件。

学习目标

学生通过本章的学习，可提高对工业机器人工作的认知，提升他们对结构装配体的设计能力，使他们在面对问题时大胆地提出自己的解决方案，再以 3D 建模的形式体现出来，从而能够积极且有效地解决问题。

3.1 末端执行器介绍

本节主要介绍机器人的应用和使用机器人执行工作任务时，如何设计机器人的末端执行器来满足工作的需要。学生通过完成工序内容对机器人和各种标准件进行一定的了解，因为在末端执行器里存在很多标准件，如气缸、吸盘、电机等。

末端执行器主要是机器人要完成某种工序而在六轴上安装的工装或者夹具。其中，工序是指一个（或一组）工人在一个工作地点对一个（或几个）劳动对象连续进行生产活动的综合，是组成生产过程的基本单位。根据性质和任务的不同，其可分为工艺工序、检验工序、运输工序等。各个工序，按加工工艺过程，可细分为各个工步；按其劳动过程，可细分为若干操作。工序划分的制约因素有生产工艺及设备的特点、生产技术的具体要求、劳动分工和劳动生产率能提供的条件。这里是把工人改为工业机器人，随着生产智能化的普及，原来那些比较危险且对健康不利的加工，如喷涂、勘探等工作。由工业机器人能更好地提高社会生产力，其不断发展和探索的过程也可以提高科学技术的发展。

在介绍机器人末端执行器之前先要对机器人可以应用的领域有所了解。

（1）自动化生产领域中，工业机器人是一种非常重要的设备。它可以进行重复、烦琐、危险或高精度的工作，把传统的劳动力解放出来以进行更具有创新性的工作。在生产线上，工业机器人自主进行零件装配、检测和包装等任务，提高了企业的生产效率。此外，工业机器人的可编程性和高精度控制技术还能够快速适应不断变化的生产需求，实现批量或小批量生产的快速转换。如图3-1所示，像这种比较重的铸铁需要往返搬运，需要考虑下一道工序也要防止人工在搬运过程中出现状况而实现安全生产。

（2）在汽车制造上的应用。工业机器人在汽车制造业有着广泛的应用。在汽车制造过程中，工业机器人可以承担焊接、喷漆、装配和点胶等各种任务，从而提高生产线的效率以及产品质量。在汽车零件制造中，工业机器人也被用在模具铸造、铣削和钳制等多种工艺过程中，提高了生产效率和良品率（见图3-2）。

图3-1 机器人搬运

图3-2 机器人智能化制造

工业机器人被广泛应用于汽车的焊接工艺中，能够精确地完成弧焊、点焊等焊接任务，尤其在焊接线上，工业机器人的使用使得自动化程度得到提高。为了满足机器人焊接的需求，需要在机器人末端装配焊枪。当然，焊枪不能直接装配到工业机器人上面，而需要设计工装，然后通过工装连接机器人的末端法兰和焊枪（见图3-3）。汽车喷漆工作通常由工业机器人执行，它们能够高效地完成喷漆任务，同时减少漆料的浪费，并且喷涂的质量和效率都高于人工操作。在汽车装配过程中，工业机器人也扮演着重要角色，它们可以准确地完成仪表盘、车灯、座椅、车门等部件的安装工作，从而提高装配作业的自动化程度。

图 3-3 机器人焊接

（3）机器人在物流方面的应用。工业机器人在物流行业中的应用也越来越广泛。它可以用于处理和分拣货物、仓储管理和运输等多个环节，以此提高物流的效率和安全性。工业机器人也可以帮助企业降低人员成本，并降低操作风险。比如，①搬运和装卸。工业机器人能够替代人力进行重物的搬运和装卸，提高效率和安全性。机器人可以用于自动装卸货物、将货物从输送带上取下、将货物放入或取出等。②仓储和分拣。工业机器人可以用于仓库中的货物分类、分拣和储存。如图 3-4 所示，设计夹具搬运货物采用的是吸盘吸附。根据设定的规则和目标，工业机器人自动将货物放置到指定的储存位置或将需要发货的货物取出来。但是，像这样的工作需要在机器人夹具上装配视觉才可以完成。

图 3-4 机器人分拣

（4）在食品加工行业中，工业机器人已经在生产和包装过程中得到了广泛的应用。饼干、糖果以及其他种类的食品正是通过这些机器人的精确动作来高效率完成生产过程的，这使得人们的生活更加方便和美好。与传统的人工操作相比，使用机器人可以有效减少生产过程中的人工错误和误差，保障产品卫生和安全。在保证质量的同时，机器人的产出速度也大幅提升，使食品企业可以更加高效地利用资源，满足市场的需求。如图 3-5 所示，末端执行器靠夹爪夹起托盘，然后把托盘存放到食品货架上面去。

图 3-5　机器人搬运食品

在上述机器人执行器中，不难发现设计夹具的执行器和对应的产品有着密不可分的关系，即机器人的末端执行器属于非标结构，很难做到共用。在设计末端执行器时要考虑如下因素。首先，要考虑机器人的工作状况，如食品行业机加件都是食品级的材料，即不锈钢、铝合金、尼龙等，不会出现铁锈等污垢的材料；其次，设计末端执行器的时候还要考虑机器人的负载，末端执行器太重有可能会导致机器人带不动（机器人本身是靠伺服电机驱动的，伺服电机的惯量是不会变化的）。设计好的加工件一定要再核算一下，加工件的质量通过 SolidWorks 可以测量（参见模块 1）。

上述提到的末端执行器都是固定在机器人上的，也就是除非人工拆卸，机器人本身是无法自己去更换工装的。接下来介绍机器人自己更换工装。这里介绍两种机器人可替换的执行器。第 1 种是将机器人的几种执行器放在一个法兰盘上面。如图 3-6 所示，可以看到电批、

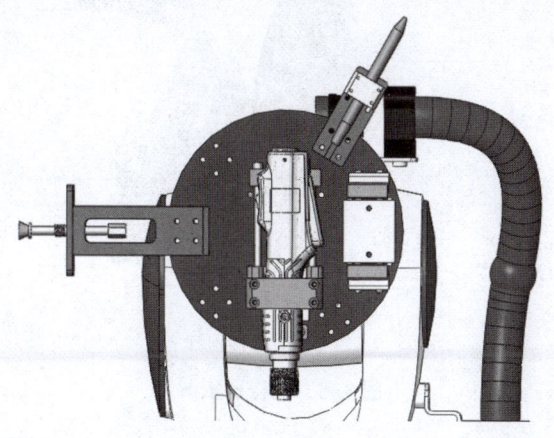

图 3-6　机器人法兰盘上的工具

不可移动的笔形工具、夹爪、吸盘都在这个法兰盘上面。图 3-7 的原理就是充分运用了机器人的六轴，即机器人的末端法兰可以 360°旋转。通过旋转末端法兰改变机器人的工作状况，比如，要打螺钉，就将电批调到最下面的位置方便受力；如果需要吸附，就将吸盘调到最下面的位置。笔形工具也是一样的操作。夹爪工作的时候必须要调节机器人五轴让机器人法兰盘平行于底面。这种设计还要注意工件在工作的时候要保证其他工具与底下的物料和工装没有干涉，比如夹爪在装夹物料的时候要保证电批和吸盘不会和其他别的物料有干涉，所以在设计副爪的时候就需要注意增加副爪的长度，以避免在使用夹爪的时候电批和吸盘碰到其他物料。对末端执行器进行拆解和分析如图 3-8 所示。第 2 种形式是可替换的末端执行器如图 3-9 所示。末端法兰连接一个手指气缸，而气缸的副爪一个连接的是气管接头即气路，另一个连接插头，即电路。其工作原理是机器人法兰通过机加件连接手指气缸，然后利用副爪用来抓紧快换工具座（见图 3-10）。在快换工具座里面也打通气路，设计安装插头的孔位，这样机器人的气缸夹到快换工具座时就可以给快换工具座提供电气，而快换工具座上面也设计有气路和插头孔位，可以直接在快换工具座上面安装气路接头和插头从而驱动放在快换工具座的执行器，如气缸、电批、打磨机、吸盘等。

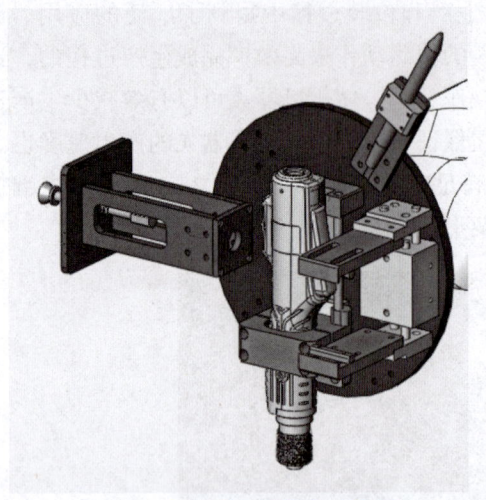

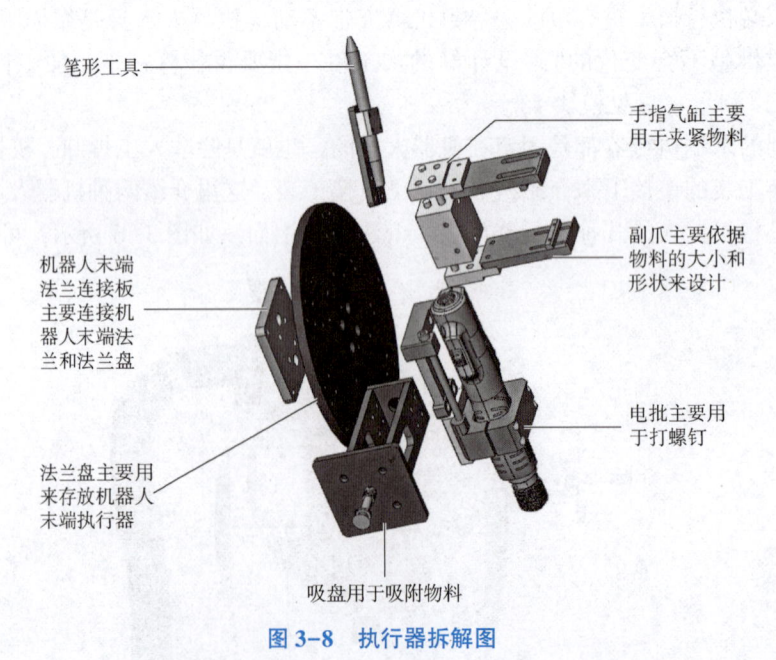

图 3-7 执行器之间的相对位置

图 3-8 执行器拆解图

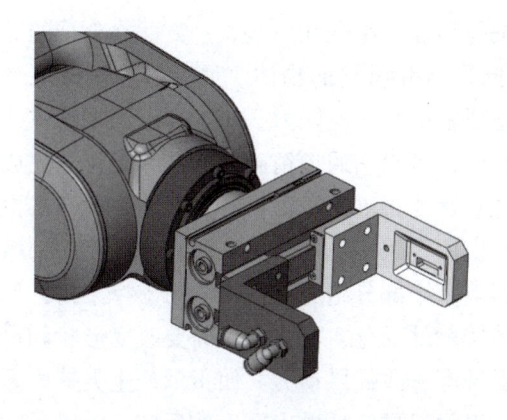

图 3-9　电动夹爪 　　　　　　　　图 3-10　快换工具座

3.2　末端执行器分类

工业机器人末端执行器的分类可以从多个角度进行，主要包括机构形式、抓取方式、抓取力、驱动装置及控制物件特征等。具体来说，可以分为以下几类。

（1）夹钳式末端执行器。这是一种常见的末端执行器形式，主要通过夹持来抓取物体。这种末端执行器主要由传动机构和驱动机构组成，可以通过夹具的开闭动作来实现对物体的夹持。如机器人的工作是搬运，这就要根据被搬的物料尺寸来设计夹具。夹具常见的有抓紧、吸附、抓紧加吸附。抓紧就是通过夹爪抓紧，夹爪的设计有很多方法。如果是简单的小物体直接使用气动手指（常见的气动手指见图 3-11、图 3-12），并且设计副爪进行装夹。不过气动手指只能抓取小型且质量较小的物料，对于较大型的物料（如箱体）气动手指是无法装夹的。可以通过气缸、导向、导轨受力的思路按要求设计。

图 3-11　HFD 型的气动手指 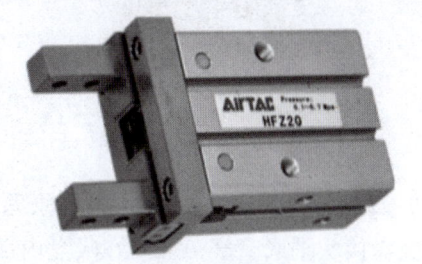　　　　　　　　图3-12　HFZ 型的气动手指

（2）机械手爪（夹爪）。机械手爪，也称机器人手爪，是一种模拟人手功能的机器人部件，用于握持和操作工件或工具。机械夹爪是一种常见的末端执行器，用于抓取、夹持和操控物体。它们具有可调节的爪口和力量感应功能，可以适应不同大小和形状的工件。它们的设计和功能不断创新，以满足各种工业应用的需求。机械夹爪广泛应用于工业生产中的自动化设备和机器人系统。它能够在生产线上精确抓取和放置物体，提高生产效率和产品精度。例如，在汽车制造业中，机械夹爪可以用于安装零件、组装产品；在电子制造业中，机械夹

爪可以适应不同尺寸和形状的电子元件，并进行精准的组合和焊接。一方面，夹爪的灵活性和精确度正在不断提高，能够更好地适应不同形状和材料的物体。另一方面，夹爪与传感器、人工智能等技术的结合，使机械夹爪具备更强的自适应能力，能够自动识别物体并做出相应的动作。机械夹爪是现代工业生产中的重要设备，它通过精确的运动和夹持来完成各种任务。随着技术的不断发展，机械夹爪的功能和性能将进一步提升，为工业生产带来更高效和精确的解决方案。除了工业应用，机械夹爪也用于医疗、食品加工和仓储物流等领域。机械夹爪通常由框架、指爪、驱动装置和传感器等多个部分组成。框架作为支撑架构，负责固定和稳定夹爪的各个零件。指爪是直接与物体接触的部分，可以根据需要改变形状和尺寸以适应不同的物体。驱动装置通过电机或气动系统等方式提供动力，使指爪产生夹持力。传感器能够感知物体的位置、形状和质量等信息，以便机械夹爪做出准确的反应。电机驱动手指如图 3-13 所示。电机驱动的机械夹爪通过电机驱动后，可以轻松实现指爪的抓紧和放开。在整个过程中，定位点都是可控的，夹爪的夹持力度也是可控的。夹持力的控制较为简单，只需要通过单片机就可以轻松控制。气动驱动手指如图 3-14 所示。气动驱动的机械夹爪利用气压作为动力源来实现抓取和释放动作。它主要依赖于气压传动系统，通过控制气流的通断和方向，使气动夹爪的活塞或气缸产生相应的运动，从而带动指爪的开合，实现对工件的抓取和释放。

图 3-13 电机驱动手指　　　　　　　　图 3-14 气动驱动手指

（3）真空吸盘。真空吸盘的吸附原理基于气体压力差。具体来说，当真空泵工作时，它会从吸盘接头抽取空气，从而在吸盘内部形成一个低气压环境。由于吸盘的底部与周围环境之间的气压较高，两者之间的气压差会产生足够的吸附力，使物体被牢固地吸附在吸盘上（见图 3-15）。在吸附过程中，吸盘与物体表面之间空气无法顺利通过，从而形成了真空环境。根据物理学原理，高压气体会向低压气体区域流动，因此外界大气压力会迫使物体与吸盘紧密接触，形成吸附力。真空吸盘通常由橡胶或其他弹性材料制成，具有良好的密封效果。当吸盘吸附在表面光滑的物体上时，吸盘内的空气被挤出，形成真空。当想要分离吸盘时，外部空气无法进入吸盘内部，因为橡胶具有良好的密封性能。此外，将真空吸盘通过接管与真空设备连接，产生负气压可吸附待提升物，然后在搬送过程中将吸盘内的负气压变成零气压或稍大的正气压，从而可使吸盘脱离待提升物。

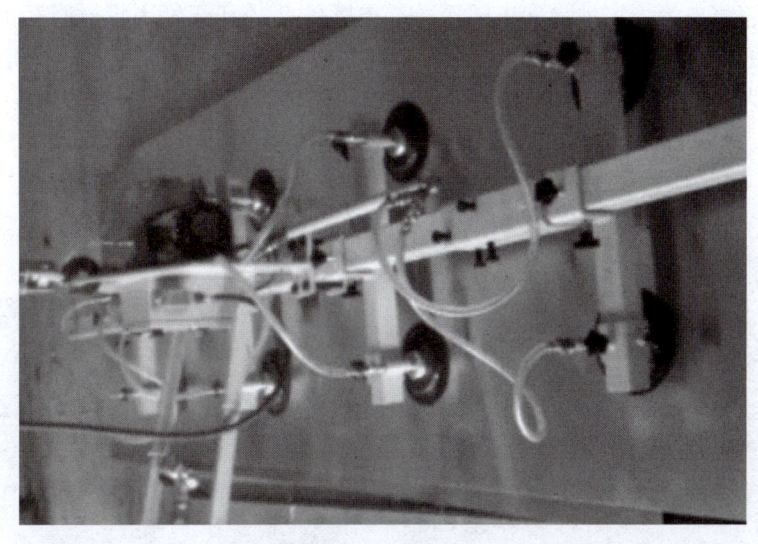

图 3-15 吸盘吸附

（4）螺钉机。打螺钉机器人的工作原理基于自动化控制和精密机械设计，以实现对螺钉快速、准确地拧紧操作（见图 3-16）。全自动打螺钉机器人的工作原理主要包括以下几个核心部分。①供料系统。通过滚筒、钩螺钉、振动盘、涡轮等方式将散乱的螺钉进行整列和排序，确保螺钉按照正确的方向和顺序排列。吹气式供料通常使用压缩空气将螺钉吹送到吸嘴或导管中，适用于轻巧且形状适合的螺钉。吸附式供料则通过负压吸附螺钉，并将其送至指定位置。②螺钉输送与定位。整理好的螺钉由输送机构准确无误地输送到螺钉锁紧装置（如电动或气动驱动的拧紧枪）的前端。在这一过程中，可能涉及利用光学或者机械传感器来检测螺钉的位置和状态，确保螺钉能够正确对准待装配的产品孔位。③螺钉拧紧模块。螺钉拧紧机构包含旋转动力部分，即伺服电机或气缸等提供转动力矩，精确控制螺钉拧紧的扭矩和角度。当螺钉接触到产品时，会自动执行预设的拧紧程序，保证螺钉达到合适的紧固程度。④过程监控与质量检测。锁付过程中，设备内置的传感器实时监测螺钉的拧紧扭矩、角度变化以及是否到位，以判断螺钉是否已正确安装并达到预设工艺要求。若发生不良状况，如滑牙、漏锁、过紧等情况，机器人会立即停止作业并报警，确保产品质量。⑤信号反馈与控制系统。整个工作流程由控制系统协调，每个步骤完成后发送信号给下一个工序，实现连续自动化作业。控制系统可编程设定多种锁付模式，以适应不同的生产需求和产品规格。综上所述，全自动打螺钉机器人通过高度集成的送料、定位、拧紧及检测技术，实现了螺钉自动化的高效、精准装配。

（5）喷涂枪。喷涂枪用于工业喷涂操作（见图 3-17），例如，涂料喷涂、涂胶或涂敷保护涂层。它们可通过机器人精确控制喷涂位置和喷涂量。计算机控制系统会设置好喷涂参数，包括颜色、涂料类型和喷涂模式等，机械臂会准确地移动到指定的位置，开始进行喷涂工作。

（6）焊枪。焊接工业机器人在其末端法兰装配的执行器是焊枪。它与送丝机连接再通过接通开关，将弧焊电源的大电流产生的热量聚集在末端来熔化焊丝，而熔化的焊丝渗透到需要焊接的部位，经过冷却后，被焊接的工件已经紧紧地连接在一起。导电嘴装在焊枪的出口处，这样能够将电流稳定地导向电弧区，导电嘴的孔径和长度因焊丝直径的不同而不同。喷嘴也是焊枪的零件，它的作用是给焊接区域输送保护气体，用来防止焊丝末端及熔池与空气接触，这样才能达到良好的焊接效果（见图3-18）。

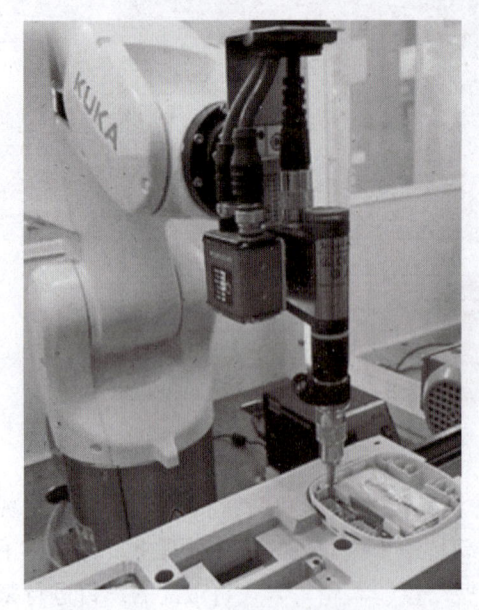

图3-16　机器人拧紧螺钉　　　　　　　图3-17　喷涂操作

图3-18　电焊应用

3.3　末端执行器设计要求

1. 末端执行器选型

搬运机器人系统的末端执行器多为各种各样的夹持器，需要根据工件的不同选择合适的末端执行器，一般根据以下5点来选择。

(1) 应用场景。

选择末端执行器要明确应用场景，首先需要确定被处理工件的外形，是需要从里面夹持的圆柱体还是需要小心抓取的箱体。在形状确定后，还需要考虑对其进行表面处理。例如，是否需要软的夹持器，以确保工件不被划伤。同时还需要考虑工件的刚性，像挡风玻璃这种物件，表面很坚硬，但是也很容易变成碎片，这时需要考虑使用吸盘而不是机械手爪来移动这些物件。

(2) 载荷和夹持力。

载荷不仅影响机器人夹持器，还影响机器人本身。如果机器人单元移动的工件质量接近于机器人的最大载荷，将导致机器人单元的速度下降。如果目标应用需要快速流畅，那么就需要选择一个载荷比目标工件要大一些的机器人和夹持器。关于夹持力，一方面需要保证有足够的夹持力可以让工件不致跌落，另一方面又要确保夹持力不会过度而损坏工件。

(3) 精度。

虽然速度是很多机器人应用的要求，但运动的精准与精确也同样重要。由于这些因素很难确定，而且在大量实际应用中可能只是想要一个重复精度好的夹持器。事实上，夹持器的精度主要取决于工业机器人，如果夹持器的重复精度没有问题，那么夹持器的运动精度是能够满足应用要求的。

(4) 速度。

如果想优化工艺，需要强化加速度和速度，同时还要有一个安全的夹爪。如果工件很薄并且很光滑，如钣金件，而且工件表面和夹爪之间的摩擦系数很低，这时就需要考虑达到最高速度时的惯性。关于整个循环的速度，还需要考虑夹持器本身的速度，需要保证夹持器抓取的时间能够满足系统的要求。磁性夹持器在这方面的表现就非常优秀，几乎瞬间就可以让夹持力消失。另外，由于系统的损失，使用气压或者液压的夹持器速度就要稍微小一些。

(5) 成本。

最好的夹持器可能并不太便宜。在进一步开展集成计划时，需要考虑夹持器的价格和可选的夹持器。价格还包括腕部和电缆的价格，这些附件的价格通常都是固定的，需要计算到总成本里。

2. 末端执行器设计

根据抓取目标的形状大小等特征，确定完善的抓取方案，选择恰当的驱动方式，设计合理的夹爪结构以满足工作需求。

(1) 驱动及传动方式的选择。

驱动方式的选择通常受到作业环境的限制，同时还要考虑所选择的驱动方式是否能够达到工作要求，价格因素及控制的难易程度也是重要的参考标准。常用的驱动方式有三种类型：液压式驱动、气动式驱动和电气式驱动。

液压式驱动是将压力油转化为液压缸的推进运动或液压马达的旋转运动。这种驱动方式的优点是驱动功率大，定位精度高，低速性能好；缺点是成本较高，操作可靠性较差，维修保养复杂，易泄漏。液压式驱动常用于需要大功率驱动、对移动性能要求不高的夹爪中。

气动式驱动与液压式驱动的原理类似，其动力源为压缩空气。优点是结构简单，响应速度快，动力来源方便廉价，控制简单；缺点是速度不易控制，驱动力较小，噪声较大，精度低。气动式驱动常用于对精度要求不高的箱式搬运类夹爪的结构中。

电气式驱动主要有直线电机驱动和步进电机驱动两种形式，不需要转换机构。直线电机驱动的特点是结构简单，行程长，速度快，但其成本高。步进电机驱动的特点是功率小，控制简单准确，抗干扰能力强。

（2）材料选择。

末端执行器的材料选择取决于工作条件以及设计和制作的要求，需要综合考虑机构的质量、刚度、阻尼等性能，以便提高末端执行器的执行能力。选择轻质材料是减轻末端执行器质量的有效途径。由于其各部分承受的载荷不同，所以末端执行器的各部件不宜使用同一种材料。常用的材料有高强度钢、轻合金材料、纤维增强合金、陶瓷、纤维增强复合材料等。依据复合材料原理，末端执行器的各部分根据使用强度的要求选用不同的材料。手指连杆部分使用碳素钢以提高其强度，指尖部分为减轻质量使用轻质铝合金。多种材料的结合使用在减轻末端执行器质量的同时也保证了其工作的可靠性。

（3）结构设计。

机器人是一种通用性强的自动化设备，末端执行器则是直接执行工作任务的装置，大多数末端执行器的结构和尺寸都是根据其不同的任务要求设计的，从而形成了多种多样的结构形式。多数情况下末端执行器是为特定的用途而专门设计的，但也可以设计成一种适用性较大的多用途末端执行器，为了方便地更换末端执行器，可设计一种末端执行器来形成操作机上的机械接口。当然，不论是夹持还是吸附，末端执行器需要具有满足工作需求的足够的夹持力和夹持位置精度。

工业机器人末端的执行器应尽量结构简单、质量小，这样就可以减轻手臂的负荷。专用的末端执行器结构简单、工作效率高，而能完成多种作业的末端执行器可能有结构过于复杂、费用较高的缺点。因此末端执行器的设计和机器人的工况及工作内容以及工业机器人本身的活动范围及负载有很大的关系，所以在设计末端夹具前应该先了解机器人的工作内容，然后再确定机器人的摆放位置，接着再确认机器人的运动轨迹，从而选择应该使用的机器人，最后再对末端执行器进行设计。

3.4　真空吸盘式执行器设计

前几节讲述了工业机器人末端执行器的种类和设计要求。本节介绍工业机器人末端执行器的设计。假如有如下需求，现在生产线需要把工作台堆放的亚克力板传输到皮带线上。亚克力板的长度为 500 mm、宽度为 500 mm、厚度为 3 mm，工作台的位置不固定，可以随便摆放。可以绘制一个工作台和一条皮带线。皮带线的高度为 500 mm 左右，皮带线的宽度比亚克力板宽 10~20 mm，堆放亚克力板的工作台高度可以自定，长和宽就与亚克力板的 500 mm×500 mm 长和宽作对比单边留 60~100 mm，工作台长和宽设计为 700 mm×700 mm。

上述已知条件可以在 3D 软件中放置几个凸台模拟一下。因为主要目标是对机器人做好选型，对夹具进行设计，所以其他的可以定制，无须绘制得很详细。首先要选择对应的机器人，选择机器人从有效负载、应用行业、最大动作范围、运转速度、制动和转动惯量、防护等级、自由度、本体质量、重复定位精度等几个方面进行参考。①有效负载是指机器人在其工作空间可以携带的最大负荷。有效负载范围为3~1 300 kg。如果希望机器人完成将目标工件从一个工位搬运到另一个工位，需要注意将工件的质量以及机器人夹爪的质量加到其总工作负荷。另外，需要特别注意的是机器人的负载曲线，在空间范围的不同距离位置，实际负载能力会有差异。②工业机器人应用行业。机器人用于何处是选择机器人种类的首要考虑因素。③最大动作范围。当评估目标应用场合时，应了解机器人需要到达的最大距离。选择一个机器人不仅仅要参考它的有效载荷，也需要综合考虑它到达的确切距离。每个公司都会给出相应机器人的作动范围图，由此可以判断该机器人是否适用于特定的应用场合。机器人的水平运动范围应注意其近身及后方的非工作区域。机器人最大垂直高度的测量是从机器人能到达的最低点（常在机器人底座以下）到手腕可以达到的最大高度的距离（Y）。最大水平作动距离是从机器人底座中心到手腕可以水平到达的最远点的中心距离（X）。④制动和转动惯量。基本上每个机器人制造商都会提供机器人制动系统的信息。有些机器人对所有的轴都配备制动，有些则不是。要在工作区中确保有精确和可重复的位置，需要有足够数量的制动。另外一种特别情况是当意外断电发生的时候不带制动的负重机器人轴不会锁死，有造成意外的风险。同时，某些机器人制造商也提供机器人的转动惯量。其实，对于设计的安全性来说，这将是一个额外的保障。如有需要还须注意不同轴上的适用扭矩。⑤防护等级。这取决于机器人在应用时所需要的防护等级。机器人与食品相关的产品、实验室仪器、医疗仪器一起工作或者处在易燃的环境中，其所需的防护等级各有不同。按国际标准区分实际应用所需的防护等级，或者按照当地的规范选择。一些制造商会根据机器人工作的环境不同而为不同型号的机器人提供不同的防护等级。⑥自由度（轴数）。机器人轴的数量决定了其自由度。如果只进行一些简单的应用，在输送带之间拾取，放置零件，四轴的机器人就足够了。如果机器人需要在一个狭小的空间内工作，而且机械臂需要扭曲反转，六轴或者七轴的机器人是最好的选择。轴的数量选择通常取决于具体的应用。需要注意的是，轴数多一些并不只为灵活性。事实上，如果想把机器人还用于其他的应用场合，可能需要更多的轴，可以说"轴"到用时方恨少。不过，轴多也有缺点，如果一个六轴机器人只需要其中的四个轴，还是要为剩下的那两个轴编程。⑦机器人本体质量。机器人质量对于设计机器人单元也是一个重要的参数。如果工业机器人需要安装在定制的工作台甚至轨道上，则需要知道它的质量并设计相应的支撑。⑧重复精度这个参数的选择也取决于应用。重复精度是机器人在完成每一个循环后，到达同一位置的精确度/差异度。通常来说，机器人可以达到0.5 mm以内的精度，甚至更高。例如，如果机器人用于制造电路板，这就需要一台超高重复精度的机器人。如果所从事的应用精度要求不高，那么机器人的重复精度也就不用那么高。

先确定机器人的活动范围。活动半径为700~1 000 mm（这是机器人的极限活动范围，实际的活动范围要减去100 mm），再确定机器人的负载。因为亚克力板的面积比较大（500 mm×500 mm），只能靠吸盘来吸取物料，同时要保证物料能够受力均匀，不在转弯移动的时候掉落，所以夹具中吸盘的分布一定要广一些。这样一来，夹具的质量可能有点重，机器人的负载设置为7~10 kg，防护等级为IP65，最后选择一款关于库卡的六轴工业机器人（见图3-19）。

打开3D模型并参照机器人手册等资料,以此确定机器人的活动范围。用草图的形式绘制一个圈,减去100 mm的安全距离就是机器人实际的可达范围。现在需要做一个工业机器人底座(见图3-20)。

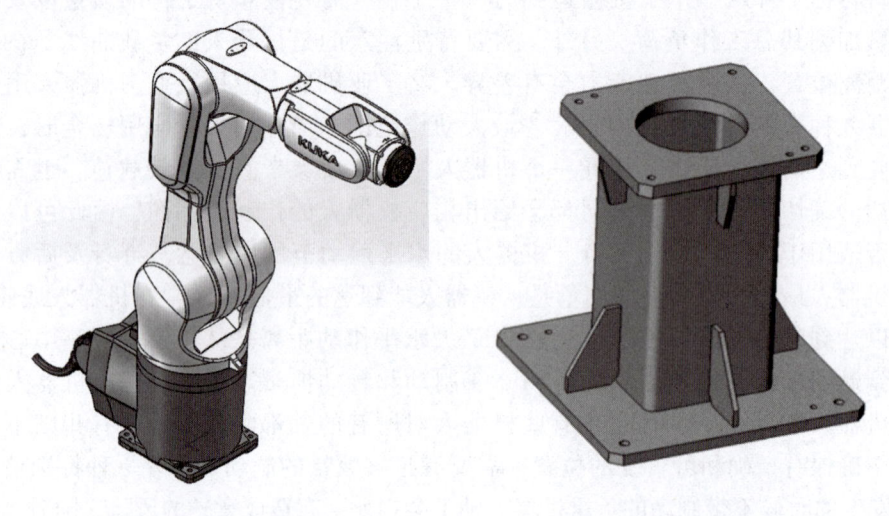

图3-19　六轴工业机器人　　　　　　　　图3-20　工业机器人底座

工业机器人的底座用碳钢来制作。碳钢的硬度因含碳量不同而不一样,含碳量高的碳钢相对来说会硬一些,含碳量低的碳钢硬度就低一些。该底座主要承载机器人的质量,而机器人本身的质量为60 kg左右,选择低碳钢中的Q235A即可。底座的高度也是根据生产的需求来非标制作的。底座上端用于固定机器人一轴,下端主要是固定地脚螺钉。底座下端一般要设计得比底座上端大一些,这样能够更稳定、更坚固。底座两端板料的厚度用10 mm,中间柱子用5 mm厚度。

把工业机器人的位置摆放好后,观察一下机器人的末端法兰孔位(见图3-21)。了解机器人法兰孔位的直径用于设计连接工业机器人末端法兰的连接件。

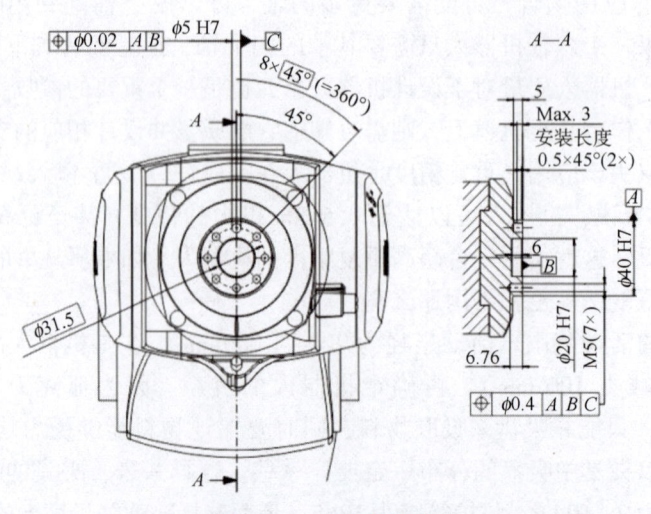

图3-21　末端法兰孔位

打开需要搬运的亚克力板，用草图绘制出吸附亚克力板吸盘的排版（见图3-22）。黑色的圆圈代表吸盘的位置。为了能够在运送过程中保持稳定，采用12个吸盘，两边各6个。

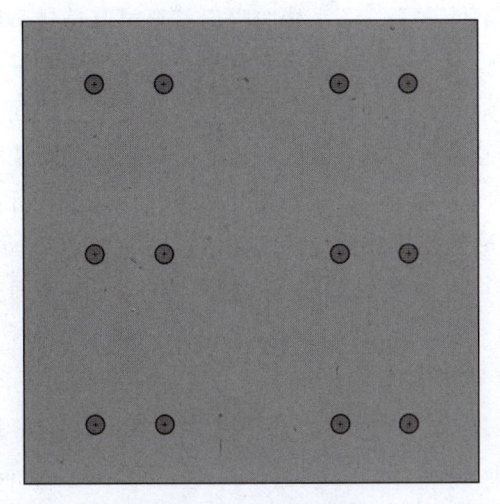

图 3-22 吸盘的排版

吸盘的位置确定好后就要开始设计固定吸盘的框架了，因为夹持器尽量轻可以减少工业机器人的负荷。设计工业机器人执行器的时候既要考虑质量，又要考虑加工的难易程度，能否通过简单的加工件实现目标需求。选择一块板来连接两个吸盘，然后搭建一个铝型材支架把所用的吸盘连接起来（见图3-23）。

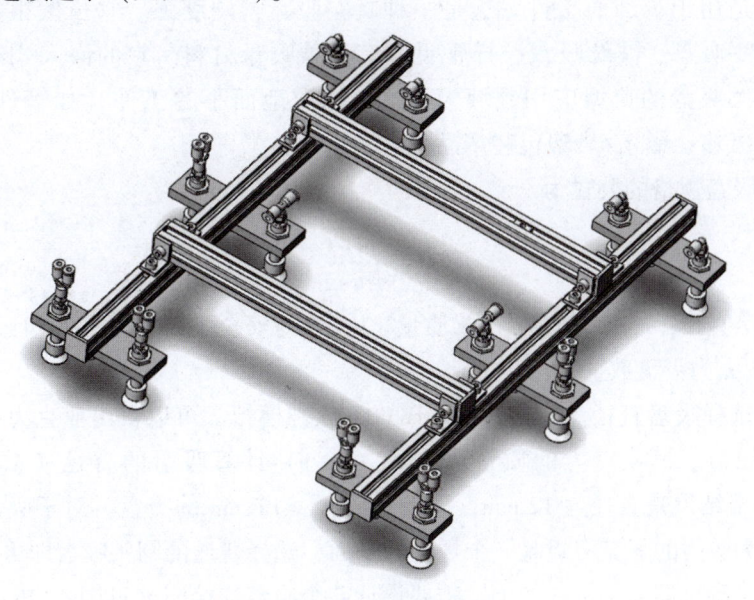

图 3-23 吸盘夹持器

搭建的铝型材不需要太粗，20 mm×20 mm 规格的强度就够了。铝型材之间使用铝型材角码连接（铝型材角码属于标准件）。基本的框架完成后开始选型吸盘，吸盘的材料如下。
①硅橡胶。硅橡胶是一种非常常用的吸盘材料，其优点是具有很好的耐温性能及稳定的化学性能，颜色丰富。硅橡胶吸盘在高温环境下的抗老化、抗油性能都非常出色，至少可以使用

数千小时。因此，硅橡胶吸盘被广泛应用于高温、高油、高真空环境。②氯丁橡胶。氯丁橡胶是一种强韧耐磨的吸盘材料，在耐磨性、耐油性、抗老化、抗臭氧性、耐寒性等方面都有着良好的表现。尤其在耐磨性方面，氯丁橡胶吸盘甚至可以替代金属材料，用于吸附垂直悬挂的工件。③聚酯。聚酯吸盘是一种新型吸盘材料，其弹性非常好，可以很好地搭配各种形状的工件表面。此外，聚酯吸盘还具有颜色鲜艳、纹路清晰、表面平整等特点。但聚酯吸盘的耐胶性和耐油性稍逊于硅橡胶和氯丁橡胶。④丁腈橡胶。丁腈橡胶的真空吸盘具有优良的韧性、耐磨性、耐老化性、耐油性、耐酸碱性和耐水性，是目前行业中使用很广泛的真空吸盘材料。⑤聚氨酯橡胶。聚氨酯橡胶韧性好，使用温度为60 ℃，耐磨性好，耐老化，耐油，耐酸碱性差，耐水性好。④和⑤两种适用于硬壳纸、胶合板等普通工件的转移。聚氨酯制成的真空吸盘非常耐用。

比较常见的真空吸盘形状如下。①平吸盘。定位精度高，设计小，内部体积小，可最大限度地减少抓取时间，实现高侧向力，在平面工件表面，宽密封唇具有最佳密封特性，抓取工件稳定性好，大直径吸盘嵌入式结构可实现高吸力。底部支撑有大而有效的吸盘直径，有多种吸盘材料。平吸盘的典型应用区域为搬运金属板、纸箱、玻璃板、塑料零件、木板等表面平整或略粗糙的扁平工件。②波纹吸盘。对不均匀表面适应性好，补偿程度不同，轻轻抓取易损坏的工件。柔软的底部波纹吸盘手柄高，上部波纹硬度高，柔软的锥形密封唇适应性强，底部支撑，吸盘材料种类繁多。汽车金属板、纸箱、塑料零件、铝箔/热塑包装产品、电子零件等是波纹吸盘典型的应用领域。③椭圆吸盘。最佳使用吸盘表面，适用于长凸面工件。这是一种真空吸盘，硬度强。它虽然很小，但有很大的吸力。它和平吸盘、波纹吸盘一样常见，有多种吸盘材料。它的嵌入式结构具有较高的抓地力。椭圆吸盘的典型应用领域为搬运、抓取地面小的工件（如管件、几何工件、木条、窗框、纸箱、锡箔/热塑包装产品）。

选择真空吸盘规格的公式为

$$D=\sqrt{\frac{4Wt}{\pi np}} \tag{3-1}$$

式中，D 为吸盘直径，mm；W 为吸吊物质量，kg；t 为安全率，水平吊 $t \geq 4$；p 为吸盘内的真空度，MPa；n 为吸盘数量。

按照公式选择吸盘直径。先通过 SolidWorks 软件模拟，可以得出亚克力板的质量约为 1 kg（见图3-24）。把亚克力的质量代入式（3-1）计算吸盘的直径（重力加速度 $g=$ 10 N/kg），得出结果是直径为12 mm，即选择直径 $\geq$ 12 mm 的吸盘。对于吸盘的形状（见图3-25），因为吸附的亚克力板是一个规整的平面，选择普通的圆头吸盘即可。接下来需要把这个框架连接到机器人末端法兰上。需要设计几个吸盘连接座（见图3-26），一边连接机器人的末端法兰，一边连接吸盘架。吸盘连接座的材料选择铝合金6061，以尽量减轻机器人的负载，把机器人吸盘连接座和吸盘架组合连接在一起。机器人吸取产品示例如图3-27所示。

图 3-24 零件质量

(a)   (b)

图 3-25 吸盘的种类
(a) 普通吸盘（圆头）；(b) 波纹吸盘

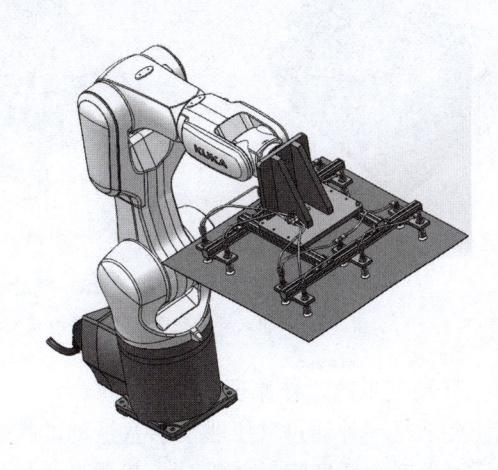

图 3-26 吸盘连接座   图 3-27 机器人吸取产品示例

3.5 气压式夹持执行器设计

相比传统的机械夹爪，机器人气动夹爪（气动手指）具有更高的灵活性和自适应性。它们可以通过改变气压的大小来调节抓取力度，以适应不同质量和形状的物体，而且气动夹爪由于没有电机等电气元件，故障率和维护成本低。机器人气动夹爪在工业自动化领域中具有广泛的应用。例如，在装配线上，它们可以帮助机器人抓取、搬运和安装零件，生产效率大幅提高。在仓储和物流行业中，气动夹爪可以快速地抓取和堆放货物，减少了人力成本和时间消耗。此外，气动夹爪还可以用于样品分拣、包装和质检等环节。机器人气动夹爪的优势不仅仅体现在工业领域，还可以扩展到其他领域。在医疗行业中，气动夹爪可以用于手术器械的操作，提高手术的精确度和安全性；在军事领域，气动夹爪则可以用于无人飞机和地面机器人的武器装备和物资搬运。然而，机器人气动夹爪也面临一些挑战。例如，对于形状复杂、易碎或柔软的物体，气动夹爪的抓取能力有限。此外，由于气动夹爪需要空气压缩系统的支持，其使用和安装也需要相应的设备和空间。在未来，需要不断改进气动夹爪的设计和技术，以克服这些障碍。在工业4.0时代，工业机器人末端夹爪已成为现代制造业的重要支撑和关键组成部分，将打造智能制造的新未来。它不仅能提高生产效率和质量，还能降低人工劳动的繁重程度和风险。相信随着科技的不断进步，工业机器人末端夹爪的功能和性能还将得到进一步的提升，为智能制造领域带来更多的创新和突破。

气动夹爪会因为被夹持的产品外形尺寸、质量、材料等不同而不同。换而言之，如果产品的外形尺寸、质量、材料等客观因素比较相似，夹具大概率可以共用，具体情况需要具体分析。下面研究一下小型物件的夹取。在设计夹爪前，先来了解气动夹爪的标准件。常见的气动夹爪型号如图3-28所示。

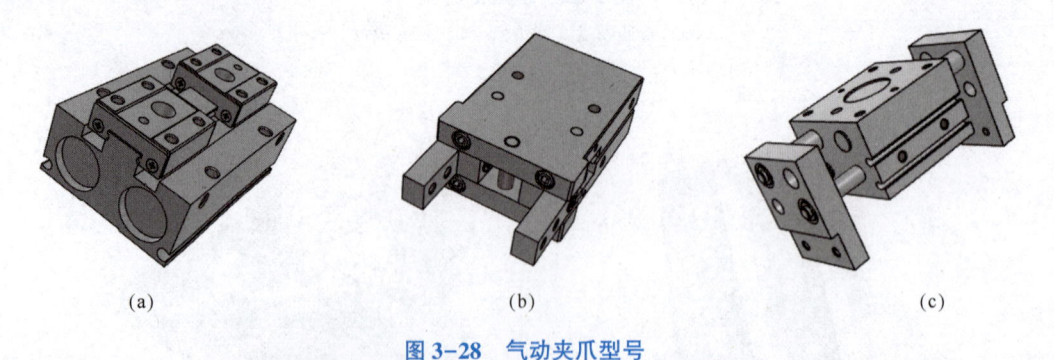

图3-28 气动夹爪型号
(a) 滑轨式气动夹爪；(b) 平行式气动夹爪；(c) 大口径气动夹爪

（1）气动夹爪的工作原理。

气动夹爪是一种通过气压驱动活塞运动的执行元件，它的工作原理相对简单：当气压力作用在活塞上时，活塞运动并推动负载做直线运动。根据不同的使用场合和需求，可以选择不同的活塞直径、行程和缸体材料等参数，以满足不同的应用需求。

（2）气动夹爪的特点。

① 结构简单，易于维护。气动夹爪的结构相对简单，主要由缸体、活塞和密封件组成。

由于结构简单，因此故障率较低，易于维护和保养。

② 快速响应。由于气动夹爪气缸的内部结构简单，因此当它输入快速气压时活塞可以迅速移动到指定位置，从而实现自动化控制的快速响应。气动夹爪的负载能力广泛，从小型负载到大型负载都可以实现。根据不同的使用场合和需求，可以选择不同负载能力的气动夹爪。

③ 可与其他执行元件组合使用，如电动缸、伺服缸等。这些组合使用可以实现对自动化设备的精准控制和高效生产。

（3）气动夹爪的选用方法。

① 使用场合。不同的使用场合需要选用不同规格和参数的气动夹爪。例如，对于需要高精度控制的生产线，需要选用精度较高的气动夹爪气缸；对于需要快速响应的生产线，需要选用响应时间较快的气动夹爪。

② 加工产品。在选择气动夹爪时，需要根据实际应用场景和需求进行综合考虑，选择适合的夹爪型号。夹持力需求，根据实际需要夹持的物体质量、尺寸、表面状况等参数，选择具有足够夹持力的气动夹爪；速度要求，根据生产节拍或机械运动速度的要求，选择适合速度范围的气动夹爪；定位精度，根据实际需要夹持物体的精度要求，选择具有较高定位精度的气动夹爪；适应性，根据实际应用中物体的形状、尺寸、材料等参数，选择能够适应各种不同形状和材料物体的气动夹爪。

对下面气动夹爪进行设计，被夹取的物料是快换工具座，材料是铝合金 6061。因为要设计夹爪，所以对其产品也需要了解，先绘制快换工具座，再来根据快换工具座来设计机器人末端的气动夹爪。

双击 SolidWorks 软件图标打开 SolidWorks 主界面，选择创建零件图命令。进入零件图界面，单击特征工具栏中"拉伸凸台/基体"按钮，绘制长度为 70 mm、宽度为 34 mm 的草图。单击对称拉伸按钮，方向 1 拉伸 35 mm，方向 2 也拉伸 35 mm，零件高为 70 mm。然后绘制零件的特征，先绘制两侧的拉伸凸台，因为凸台是一样的只是里面的拉伸切除特征不一样，所以先绘制凸台的一边，另一边使用镜像。单击凸台的侧面（见图 3-29）绘制草图，完成草图后根据系统的特征拉伸高度为 4.8 mm。拉伸后开始拔模，在特征工具栏里面选择拔模命令。拔模对话框如图 3-30 所示。拔模面为拉伸凸台的 4 个侧面，中性面是拉伸凸台的草图平面（见图 3-31），角度为 45°。当一端的凸台绘制完成后，使用镜像把另一边的凸台镜像出来，镜像的平面是零件的右视图。但是绘制凸台的时候要把特征合并，所以镜像的时候只能镜像凸台，不能把拔模和圆角也镜像了，所以拔模和圆角在另一端需要再绘制。把两端的凸台完成后就需要对两边凸台进行拉伸切除，在右边的凸台上绘制一个长度为 20.2 mm、宽度为 11.2 mm 的矩形草图。单击完成草图，然后根据系统提示切除，深度为 6.8 mm，接着倒圆角大小为 $R1$，再以刚才切除的底面为基准来切除拉伸，其长度为 14 mm、宽度为 6 mm、深度为 21 mm（见图 3-32）。在正面也需要开孔用来固定（见图 3-33）。插头槽的长度为 10.5 mm、宽度为 7.2 mm、深度为 30 mm（见图 3-34）。另一边的凸台用来进气需要直径为 $\phi 8$ 的两个孔（见图 3-35），孔的深度为 9 mm。之后再在原来的圆孔里面钻两个直径为 4.5 mm 的孔（见图 3-35），其深度为 10 mm。正面钻两个螺纹孔和气孔交叉。底面需要打两个销孔用于固定和定位。销孔的直径为 7.7 mm、深度为 20 mm，销孔之间的距离为 50 mm，销孔进行倒角用于导向。快换工具座还需要打安装孔用于安装和固定工具（见图 3-36），工具的固定孔在正面，螺纹孔的大小为 M5，位置对应工具连接件。机加工件孔水平方向的距离为 26 mm，竖直方向的距离为 20 mm，螺纹孔距离底面的距离为 13 mm（见图 3-37）。

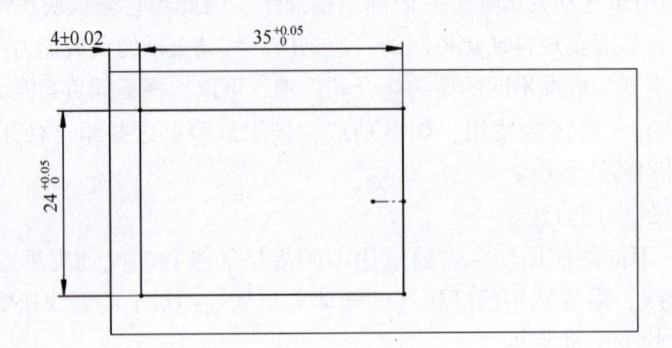

图 3-29 凸台的侧面

图 3-30 拔模对话框

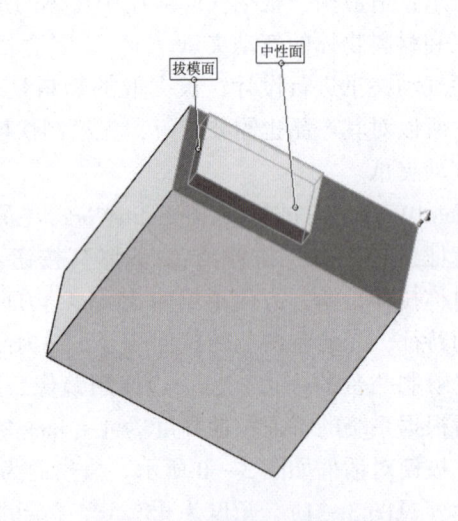

图 3-31 选择对应的面拔模

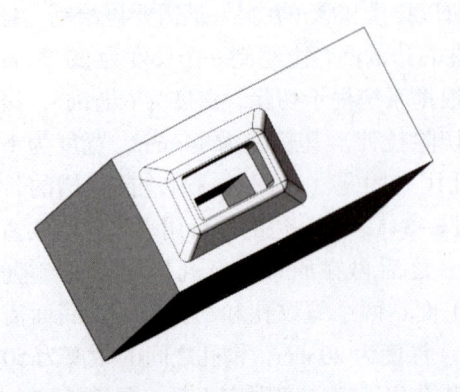

图 3-32 切除拉伸

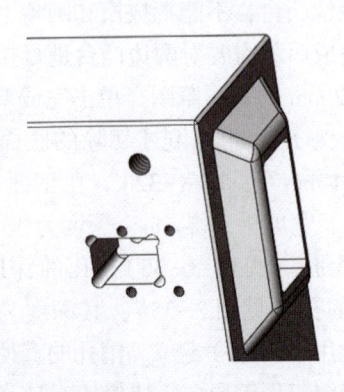

图 3-33 钻孔

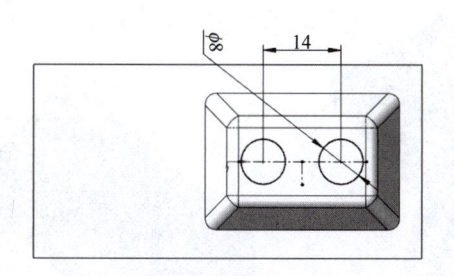

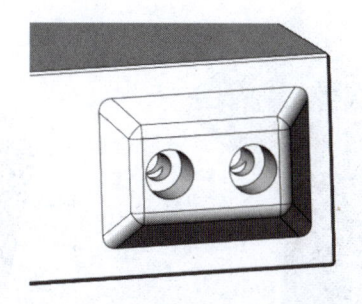

图 3-34 打通气孔　　　　　　　　图 3-35 打通气孔内的两个孔

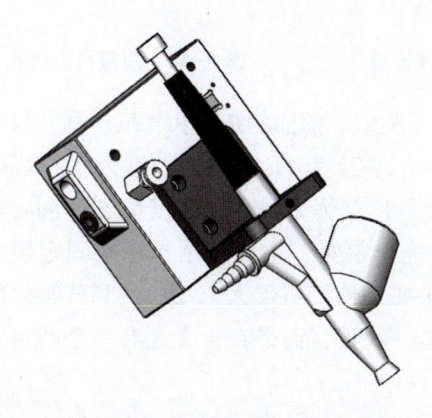

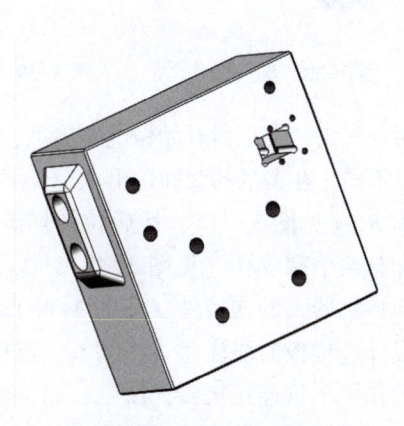

图 3-36 安装工具　　　　　　　　图 3-37 正面固定螺纹孔

快换工具座相当于产品，设计的夹爪需要对应快换工具座，夹持执行器可以给快换工具座接通电路和气路。

先确定气缸的类型，所用材料是铝合金，经过 SolidWorks 的评估，质量为 0.2 kg。为了方便机器人装夹，这里选择薄型气动夹爪。再来确定缸径，根据计算公式：

$$F > \frac{mg}{n\mu} \times a \tag{3-2}$$

式中，n 为夹爪数；F 为夹持力，N；μ 为配件和工件之间的摩擦系数；m 为工件质量，kg；g 为重力加速度，9.8 m/s^2；a 为安全系数。

根据公式计算，摩擦系数为 0.2，安全系数 a 为 10，计算夹持力为 50 N，一般工厂选用气压为 0.5~0.7 MPa。如果选用缸径为 12 mm 的气缸，除了力还要考虑外形尺寸及末端执行工具的质量。这里选用缸径为 16 mm 的气缸，因为考虑有凸台且高度为 4.8 mm。最终，选用行程为 30 mm 的气动夹爪。

确定好气动夹爪后开始设计副爪（见图 3-38），副爪的宽度要宽于气动夹爪。因为要用气动夹爪的滑块进行定位。根据气缸的孔位钻孔，气缸都是螺纹孔，这里则需要钻通孔。因为快换工具座两端有凸台，夹爪就设计凹槽和前面的凸台配合起来，对凹槽进行拔模（见图 3-39）。中性面为图中红色的平面，拔模面是凹槽四周的平面，然后进行倒圆角，圆角的大小和快换工具座上的一样。电路和气路同理，先绘制气路的夹爪。气路的设计比较简单，主要是通气，连接气路接头即可。气路接头的螺纹大小为 M5。钻孔的距离和快换工具座上面的凸台一样，夹爪按照产品来设计（产品指快换工具座），最后进行倒角，圆角和打气孔如图 4-40 所示。

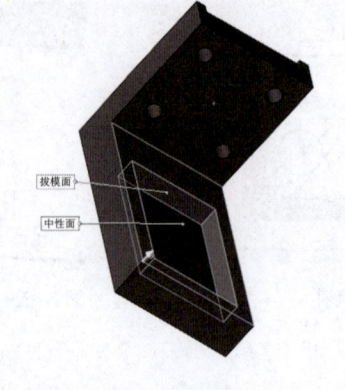

图 3-38　副爪　　　　图 3-39　对凹槽进行拔模　　　　图 3-40　圆角和打气孔

做好气路的夹爪后开始做电路夹爪，方法和气爪类似。前面的结构和气爪一样，只是后面的开口不同。在夹爪的背面切出一个长度为 20.2 mm、宽度为 11.2 mm、深度为 0.6 mm 凹槽，倒圆角 $R1$（见图 3-41），然后拉伸切除一个矩形，长度为 14 mm、宽度为 5.5 mm，贯穿。然后配打两个螺纹孔（见图 3-42），大小为 M2，完全贯穿，主要作用是用来固定插头。最后做连接机器人的连接件（见图 3-43），连接件主要是连接机器人末端法兰和气缸之间的工件。设计连接板时要注意一些细节，连接板不只是一块板，而是在板上还有一个凸台，这块凸台的作用不仅连接机器人法兰，而且能够装配。

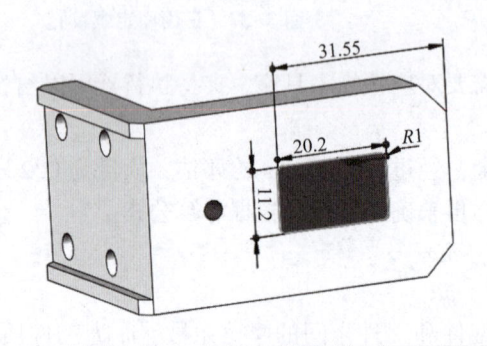

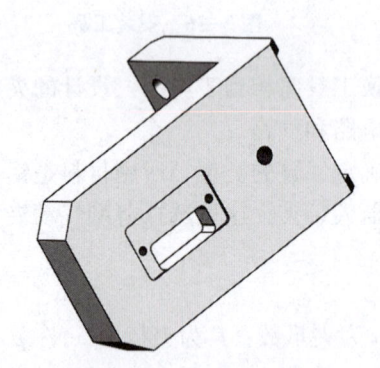

图 3-41　切除凸台　　　　图 3-42　两个螺纹孔

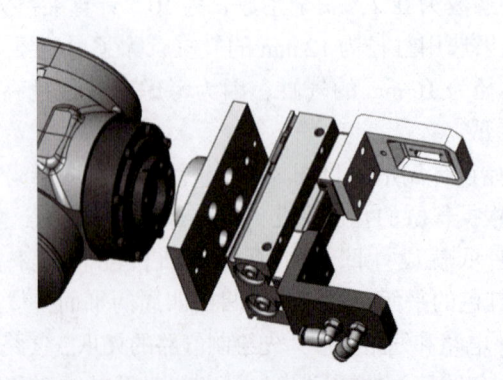

图 3-43　连接件

模块总结

本模块首先介绍了机器人末端执行器的种类，根据不同的环境和工况对末端执行器进行设计，然后介绍了选择需要设计执行器的标准件及对标准件进行计算和选型，学生可通过实际案例把所学的知识运用到实践。本模块对零件的设计和装配体的设计做了详细的阐述，也对标准件的选型和计算进行了说明。

模块 4

工业机器人输送设备设计与建模

模块描述

本模块对工业机器人生产线的输送设备进行了介绍和设计，对动力机构及标准件进行计算和选型。

学习目标

学生通过学习本模块内容，可培养其设计思维，能学以致用，将实践与知识相结合。在探索解决问题的过程中发现不足，完善知识库，锻炼学生积极寻求有效解决问题的能力。

4.1 常见输送方式及输送设备

为了提升工作效率，工厂都会采用流水线作业，顾名思义，流水线就是将产品从一个工序流向另一个工序。比如，生产一款电子产品，第一个工位负责组装，组装完成后流向第二工位，第二个工位负责把组装的电子产品打包装箱，装箱完成后流向下一个工位贴标，这就是流水线的生产模式。而产品从一个工位流向另一个工位需要依靠输送装置来完成。

常见的输送方式有皮带线、滚筒线、板链线、倍数链等直线传输，还可以利用凸轮分割器实现圆周传输。不同的传输方式适合不同的工况。下面先来了解一下这些输送设备。

4.1.1 皮带线

皮带线是工作中常见的输送设备，经常运用在非标自动化的设备、工厂流水线、机器人的自动化产线等。常见的皮带线主要分为三个大类：水平皮带线、爬坡皮带线、转弯皮带线。皮带线输送设备可输送的物料种类繁多，既可输送各种散料，也可输送各种纸箱包装袋等单件质量几十千克的件货，被广泛应用于家用电器、香烟、包装印刷、电子器件、家用电器、注塑加工、电力、机械设备、食品类等各个行业领域中物料的拼装、检验、调节、包装及运送等环节。

1. 水平皮带线

水平皮带线是最常见的一种皮带线。水平皮带线的使用需注意以下 3 种情况。

（1）物体质量比较重的产品不适宜使用水平皮带线，如冰箱、洗衣机。

（2）对产品输送精度要求比较高的产品不适宜使用水平皮带线，因为水平皮带线主要是靠皮带和物料的摩擦力进行运输的，即 $F=\mu mg$，其中，μ 为摩擦系数；m 为产品的质量；g 为重力加速度为 10 m/s^2。

（3）尖锐的产品不适宜使用水平皮带线，因为输送的时候易划伤皮带线。

关于水平皮带线的实际应用如图 4-1 所示，水平皮带线在输送纸箱准备完成下一个工序的封箱工作，因为水平皮带线不是精密的输送机构，在检测和分类的时候要先通过传感器检测到皮带线上产品的位置，气缸伸出进行拦截，再通过气缸把产品推到下一个工序的工位（见图 4-2）。除了这些大型的场合要用的水平皮带线，还有一些小型的产品也需要使用水平皮带线（见图 4-3）。小型水平皮带线主要输送一些小型的产品，如小型的电子产品。

图 4-1　水平皮带线输送

图 4-2　三轴阻挡气缸的应用

图 4-3　小型水平皮带线

2. 爬坡皮带线

爬坡的皮带线（见图 4-4）和水平皮带线的主要区别有两点。①水平皮带线的支架高度都是一样的，这样才可以保证皮带线水平，但是爬坡皮带线支架的高度必须存在一定的差距,不然就没有坡度。坡度的角度则是非标的,比较常见的有20°,30°,45°。尽管坡度是非标的,但是坡度不能太大,如果坡度过大,物料有可能在中途掉落。②爬坡皮带线的皮带结构不同于水平皮带线,水平皮带线一般采用平带、V形带、梯形带等,而爬坡皮带线的皮带中存在凸起的阻挡结构,这主要用于防止物料在输送过程中爬坡时候滑落。

图4-4 爬坡皮带线

3. 转弯皮带线

受到场地和工序设备等因素的影响,有些场合需要转弯皮带线(见图4-5)。转弯皮带线的作用不仅可以节省场地,也可以减少工序与工序之间的距离。转弯皮带线需要注意的是必须和水平皮带线相切,不过在设计的过程中可能会遇到一些问题,比如,一些皮带线比较宽,切转弯半径比较小,做不了半圆转弯皮带线,这时可以尝试做1/4转弯皮带线(见图4-6),无论是半圆或者1/4转弯皮带线都需要满足和水平皮带线相切的要求,半圆转弯皮带线的适用宽度大于或等于水平皮带线的适用宽度,而且皮带线的材料、皮带线的高度也要一样。当两条皮带线需90°转弯时可以选择1/4转弯皮带线(见图4-7)。

图4-5 180°转弯皮带线

图 4-6　90°转弯皮带线

图 4-7　转弯皮带线应用

4.1.2　板链线

板链线输送设备也是比较常见的输送设备，板链线相对于皮带线来说具有一定的强度，能承受一定质量的产品，如一些大型的家电等。下面先了解一下板链线的优缺点。

板链线的优点如下。

（1）板链线具有高度的稳定性和可靠性。由于板链的结构设计合理，连接牢固，能够承受质量较大的物料或产品，不易断裂或跳链，这使得板链线适用于运输重型物料，并能够确保生产过程的稳定性。

（2）板链线具有较高的输送能力。板链线采用平面输送方式，输送面积相对较大，能够容纳更多的物料或产品，提高了生产效率。而且，板链线还可以根据需要进行水平、倾斜或垂直输送，能适应不同生产环境的需求。

（3）板链线的维护和清洁相对简便。板链线的结构简单，使用寿命长，不易出现故障。而且，板链线上的物料或产品较容易清理，不会像其他输送设备那样容易积灰或产生污渍。这对于保持生产环境的整洁十分重要。

板链线的缺点如下。

（1）板链线的噪声较大。由于板链运行时的摩擦和碰撞，会产生较大的噪声，可能会对工作人员的身体健康产生一定影响。

（2）板链线需要进行定期的维护和保养，以确保其正常运行。这对企业而言，可能需要投入一定的人力和物力资源。

（3）板链线在输送过程中对物料或产品的限制较大。由于板链的结构特殊，一些形状不规则或较脆弱的物体不适合用板链线输送。

板链线广泛用于食品或者药品输送（见图4-8）、饮料输送（见图4-9），以及重物输送（见图4-10）等。由此可见，板链线的用途和材料是有关系的，板链的常用材料可以分为三大类。①塑料，如尼龙、PVC等，主要用于输送质量比较轻的产品，如药品、玩具、食品。②不锈钢，主要用于输送防锈且具有一定质量的产品，常见于饮料等食品行业的输送，因为像整箱饮料这类食品具有一定的质量，如果使用塑料类板链线容易造成板链线损坏。③碳钢类，主要用于输送质量很大且输送精度要求不高的产品，如家电和水泥等。

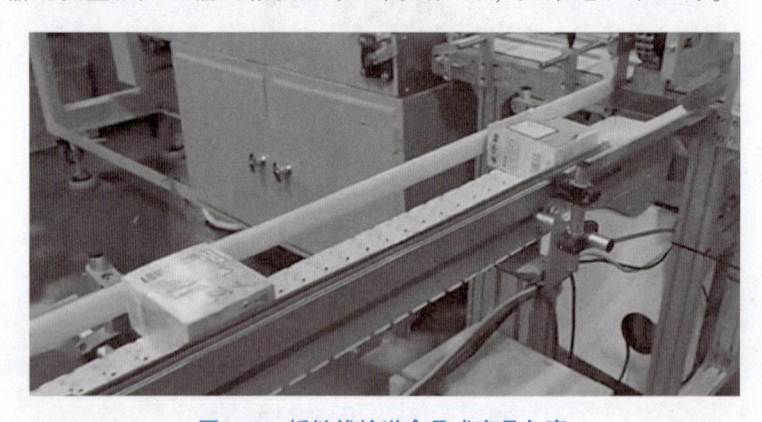

图4-8 板链线输送食品或商品包裹

图4-9 板链线输送饮料　　　　图4-10 重载板链线

下面了解一下板链线的结构。板链的运行是由电动机带动驱动轴，驱动轴带动张紧轴，然后使板链运动起来（见图4-11）。传动方式既可以采用带传动也可以采用链传动，当负载比较重时，为防止打滑，要求输送设备的刚性也大，所以采用链传动。值得注意的是标准件轴承座（见图4-12），驱动轴通过轴承座获得支撑。一般情况下，连接电机的链轮比连接驱动轴的链轮要小一些，这是因为要通过减速来增加转矩，并且大型负载对板链线运动的速度

要求都比较小，一般为 0.3~0.6 m/s。

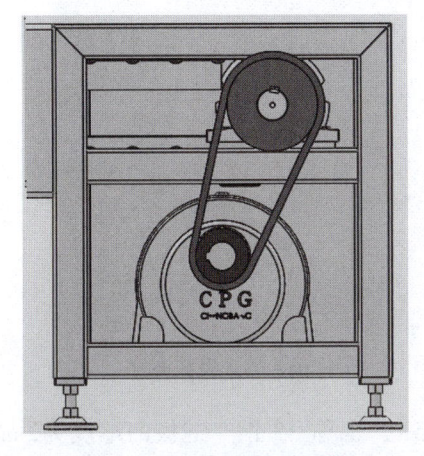

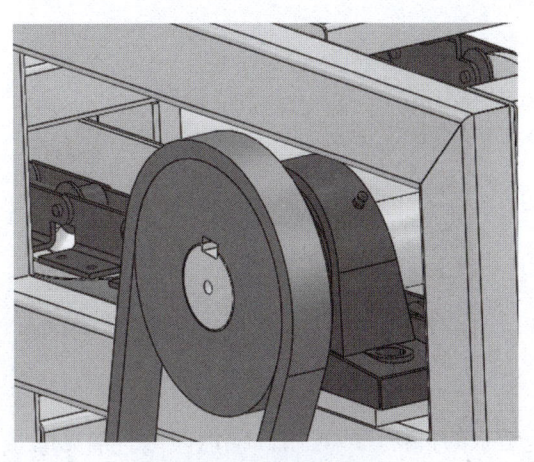

图 4-11 板链线输送机构

图 4-12 板链线轴承座

链轮的材料最好选用 45 钢，热处理表面淬火，提高硬度，耐磨损。表面发黑处理，防止生锈，轴和链轮通过键槽连接，然后用机米螺钉固定链轮。驱动轮的轴材料也是 45 钢，表面处理为镀铬，防锈。板链线的链轮和链条都是标准的，和传统的链轮链条不一样，板链线传动链条（见图 4-13）上的两个孔是螺纹固定孔，从板链线的内部结构（见图 4-14）可见，链板不是直接固定在链条上，中间还有垫块，螺钉先后穿过链板和垫块在链条下面锁紧螺母。所以链板上面必须是沉头孔（如图 4-15），垫块必须存在避空位（见图 4-16），链板上的孔位由冲压机加工而成，链板的主要材料是碳钢（碳钢分为低碳钢、中碳钢、高碳钢，含碳量越高则材料越硬）。

图 4-13 板链线链条

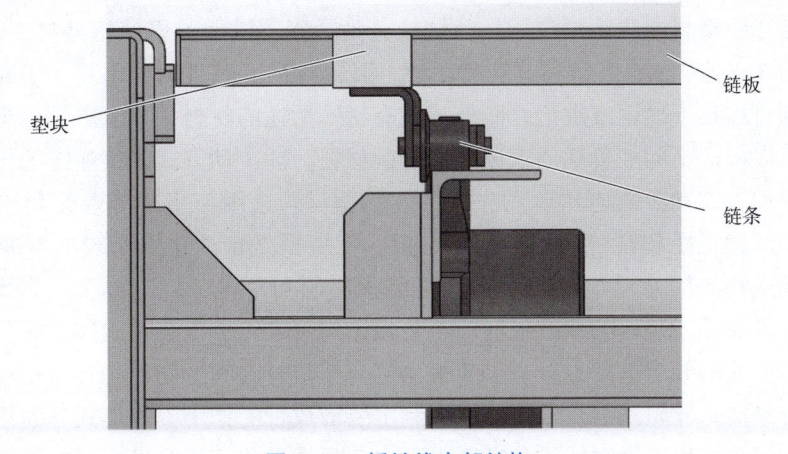

图 4-14 板链线内部结构

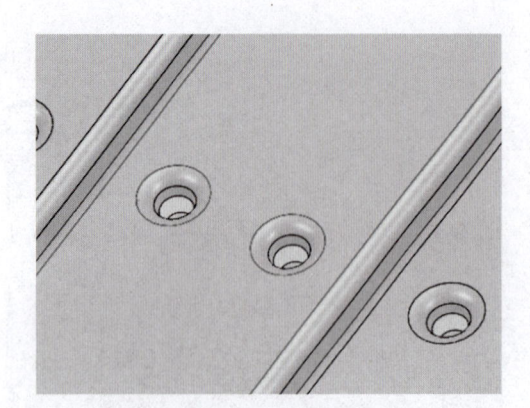

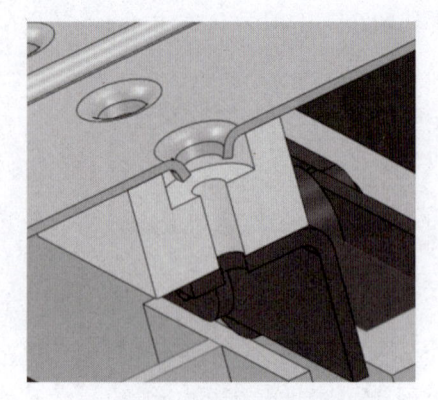

图 4-15　链板沉头孔　　　　　图 4-16　链板垫块避空

　　链板的材料一般选用低碳钢即可，常见的是 Q235A，也称 A3 钢，链板的厚度为 2 mm，由钣金折弯而成，强度较高。链板表面做防锈处理，如镀铬、镀锌。垫块材料为铝合金 6061，表面处理采用氧化本色。链板线两端还需要安装过渡轮用于翻边输送，如果两条链板线的间距不大，采用的过渡轮就不需要动力。如果两条板链线距离比较长，则需要做动力滚筒。

4.1.3　倍速输送链

　　倍速输送链也称节拍输送链、自由节拍输送链、差速链、差动链。倍速输送链是一种滚子输送链条，在输送线上，链条整体的移动速度是固定的，但链条上方的工装板或工件可以按照使用者的要求改变移动节拍，或在需要停留的位置停止运动，由操作者进行各种装配操作，完成操作后再使工件继续向前移动。倍速链板生产线主要应用在企业生产车间的成套装配、检测、输送环节，常见的应用范围包括电子电器、计算机、发动机、五金配件、打印机、洗衣机、冰箱、仪器仪表、空调等产品的装配、组装、调试检测、总装流水作业。

　　①组成部分。倍速链主要由主动端和从动端组成。主动端包括轴承座、倍速链轮、电机、机架及倍速铝型材。从动端包括从动链轮、张紧座、机架及倍速铝型材。②链条类型。倍速链条分为 3 倍速、2.5 倍速和单倍速 3 种。滚轮材料可以是工程塑料、尼龙、碳钢、不锈钢，链板则可以是不锈钢或碳钢。此外，还有特殊用途的材料，如全碳钢、全不锈钢、防静电材料，可以根据不同的负载要求选择适合的材料。③传动方式。倍速链的传动方式包括空心轴电机驱动方式和卧式电机驱动方式。④铝型材。选用与倍速链条配套的倍速链铝型材，确保结构的稳定性和输送效率。⑤工装板。工装板是自动化生产线不可或缺的组成部分，根据被输送物的尺寸形状定制设计。工装板材料可以是 PVC、碳钢、不锈钢、电木、尼龙等，但必须保证工装板的承载强度。工装板结构由导轮、工装板主体、夹具组成，其中夹具需要根据产品的要求进行设计。工装板两侧与铝型材之间的间隙为 5 mm 左右，用以保证工装板运行平滑。⑥阻挡器。阻挡器起控制工装板放行的作用，按形式分为立式阻挡器和卧式阻挡器，可根据生产物料的质量进行选型。⑦顶升平移。顶升平移可将垂直于本线体的工装板流入本线体，也可将本线体的工装板流出，由电机驱动气缸将设备顶起，其结构有链条式、皮带式等。⑧回板机。倍速链有双层倍速链和单层倍速链，回板机实现了上下层之间

的轮转，一般由动力部分和顶升部分组成。

倍速链的设计和制造考虑了多种因素，包括材料的选择、零件的连接方式以及整个系统的稳定性，确保其在自动化生产线中的高效运行和长期耐用性。

倍速链式输送机作为一种高效、自动化的物料输送设备，在多个工业领域中得到了广泛应用。它采用链条传动和特殊的输送机制，可以实现物料的连续、平稳输送，大幅提高了生产效率和物料处理的自动化水平。下面对倍速链式输送机的优缺点进行详细介绍。

倍速链式输送机的优点主要表现在以下几个方面。

（1）高效性。倍速链式输送机具有高效、连续的物料输送能力，能够大幅提高生产效率。同时，可以根据生产需求对其进行速度调节，以适应不同的生产节奏。

（2）稳定性。倍速链式输送机采用坚固的链条结构和可靠的传动装置，可以确保物料在输送过程中的稳定性。这使得它在处理质量大、形状不规则的物料时表现出色。

（3）适应性强。倍速链式输送机适用于各种物料输送场景，包括粉末、小型物料以及大型物料等。此外，还可以根据具体需求对其进行定制生产，满足不同行业、不同工艺的要求。

（4）节能环保。倍速链式输送机在运行过程中能耗较低，有助于节约能源。同时，它采用优质材料和先进的制造工艺，降低了噪声和污染。

然而，倍速链式输送机也存在一些缺点。

（1）成本较高。倍速链式输送机的制造成本相对较高，这主要是因为其采用了高质量的材料和先进的制造工艺。因此，企业在购买时需要充分考虑成本因素。

（2）维护难度较大。倍速链式输送机的链条和传动装置需要定期进行维护和更换，这可能会增加设备的运营成本和维护难度。同时，由于其结构相对复杂，清洁起来也可能较为困难。

（3）对物料有一定要求。虽然倍速链式输送机适用于多种物料输送场景，但对于易碎、易磨损或具有特殊性质的物料，可能需要采取额外的保护措施，以确保输送过程中物料的完整性。

倍速链是一种滚子输送链条（见图4-17），主要用于装配及加工生产线中的物料输送。它的增速效果使工装板的移动速度大于链条本身的前进速度。

（1）零件材料。

通常情况下，滚子、滚轮是由工程塑料注塑而成的，只有在载重情况下才使用钢制材料，除滚子、滚轮以外的其余零件都使用钢制材料。

（2）零件连接方式。

倍速链的结构与普通双距滚子链的结构类似，具体如下。

①销轴与外链板采用过盈配合，构成链节框架。

②销轴与内链板均为间隙配合，以使链条能够弯曲。

③销轴与套筒一般有两种连接方式：一种为套筒插入内链板，并与内链板过盈配合，如图4-17所示；另一种为套筒不插入内链板，直接将套筒空套在销轴上。两种情况下套筒与销轴都为间隙配合。

④滚轮与滚子之间是间隙配合，它们之间可以发生相对转动，以减少工作时相互之间的磨损，这对于连续长距离的输送非常重要。需要注意的是，当有负载压在滚轮上时，会使滚轮和滚子之间摩擦力加大，此时可以将它们之间视为刚性连接（即不发生相对转动）。

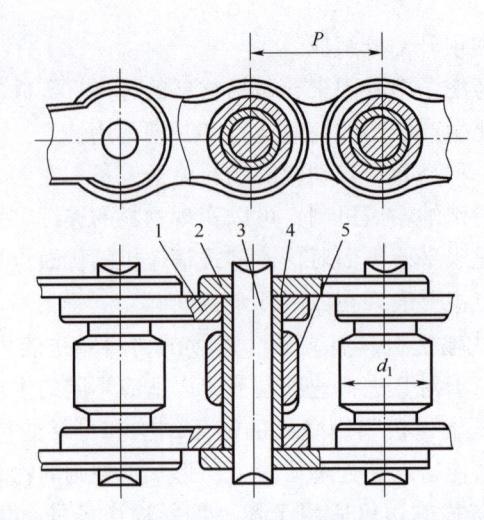

图 4-17 滚子链结构
1—内链板；2—外链板；3—销轴；4—套筒；5—滚子

下面介绍倍速链的工作原理。倍速链安装在型材上，滚子在链条前进时和型材接触。链条处于前进状态，而滚子在前进的同时还会转动（见图 4-18），滚轮和滚子可以看作刚性连接。因此，负载跟着链条前进的同时，还会因滚轮的自转产生更快的速度。基于以上原理，倍速链可以使负载的前进速度达到链条前进速度的数倍。

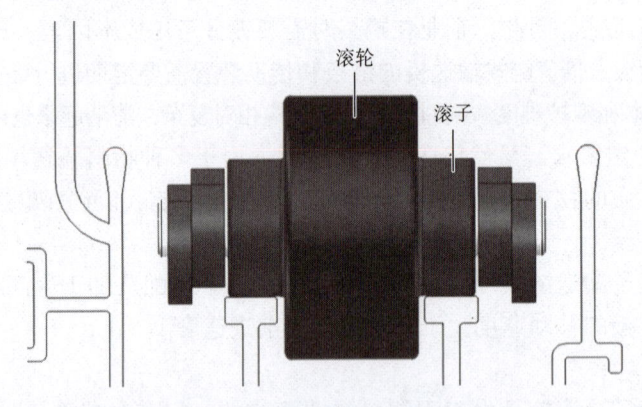

图 4-18 倍速链的滚轮和滚子

设在 t 时间内，滚子转动一圈，那么链条前进的距离为 πd；而负载前进的距离为 $\pi d + \pi D$（链条行进的同时，负载还会前进一个滚轮的周长，如图 4-19 所示）。

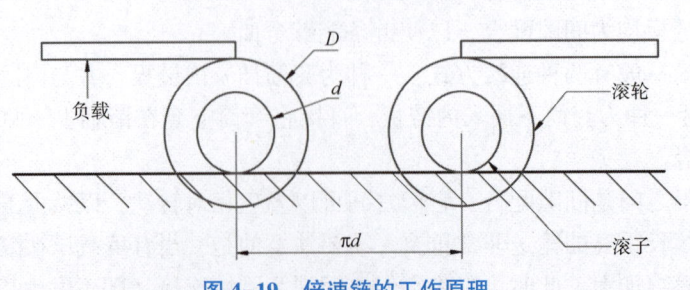

图 4-19 倍速链的工作原理

链条的运行速度：$v_0 = \pi d/t$。

负载的运行速度：$v = (\pi d + \pi D)/t$。

因此，倍速比 = $[(\pi d + \pi D)/t]/(\pi d/t) = 1 + D/d$。

由于滚轮直径 D 可以成倍地大于滚子直径 d，因此工装板（工件）的前进速度 v 可以使链条前进 v_0 速度的若干倍，这就是倍速链的增速效果原理，增大滚轮滚子的直径比 D/d 就可以提高倍速链的增速效果。

前面的假设与实际情况是有差距的，各运动副之间不可避免地存在移动摩擦，滚子与导轨之间也可能产生一定的滑动，所以实际的增速效果要比理论计算值小。

增速效果是倍速链的一个重要技术指标，质量差的链条由于设计差，制造精度低，其增速效果也很差。由于增速效果与滚子、滚轮的直径直接相关，根据公式可知，只要增大滚轮滚子的直径比 D/d，就可以提高倍速链的增速效果，而要增大滚轮的直径则会受到链条节距的限制，而减小滚子的直径也会受到链条结构的限制，所以对倍速链的增速幅度是有一定限制的，通常的增速效果为 $v = (2\sim3)v_0$，常用的规格为 2.5 倍速输送链和 3 倍速输送链。

物料一般不直接放在倍速链的链条上，可以先放在倍速链的托盘上，然后把托盘再放在倍速链上（见图 4-20），倍速链托盘的材料如下。

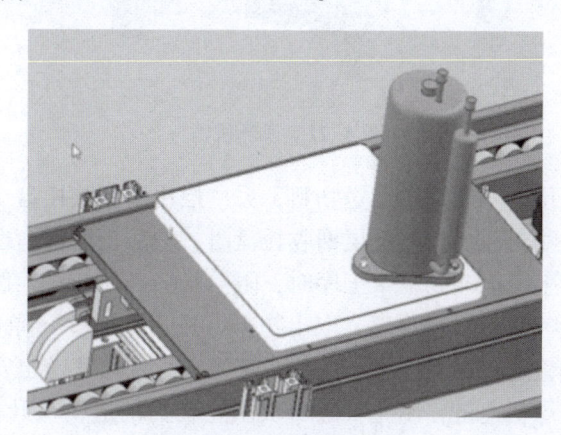

图 4-20 托盘承载产品

（1）塑料托盘。塑料托盘是最常见的倍速链托盘材料之一，通常由聚丙烯（PP）或高密度聚乙烯（HDPE）制成。塑料托盘具有质量轻、防水、防潮、耐腐蚀和可重复使用等特点。此外，塑料托盘还可以根据需要进行定制，并可以添加加强材料以增加其承载能力。然而，塑料托盘的承载能力有限，对一些重型物料可能不够稳固。

（2）木质托盘。木质托盘是最传统的倍速链托盘材料之一。木质托盘通常由胶合板或实木制成。它具有价格较低、强度高、耐磨和耐冲击等特点。然而，木质托盘容易受潮、变形和破裂，还可能存在虫害问题。此外，由于木质托盘会导致森林资源的消耗，因此越来越多的企业出于环保考虑选择其他材料。

（3）金属托盘。金属托盘通常由钢铁或铝制成。它具有极高的承载能力和耐久性，非常适用于重型货物的运输和存储。金属托盘结构稳固，不易受潮、变形或破损。然而，金属托盘的成本较高，并且比塑料托盘和木质托盘重，增加了搬运和运输的难度。

（4）纸托盘。纸托盘是一种比较新型的倍速链托盘材料，通常由纸板制成。纸托盘具有质量轻、低成本、易于堆放和回收等优点。此外，纸托盘也可以根据需要进行定制，并且可以添加防潮和防水涂层以增加其使用寿命。然而，纸托盘相对其他材料的托盘来说承载能力较低，不适用于重型物料的运输。

倍速链通过阻止气缸挡住托盘的前进，然后再通过顶升机构将托盘顶起来（见图4-21）。顶升机构主要由气缸、导杆及直线轴承组成，顶升机构上面有定位销和托盘上的孔位相互配合。当顶升机构顶起托盘的时候则定位销对推盘起到了定位、固定的作用，方便拿取和存放工件。

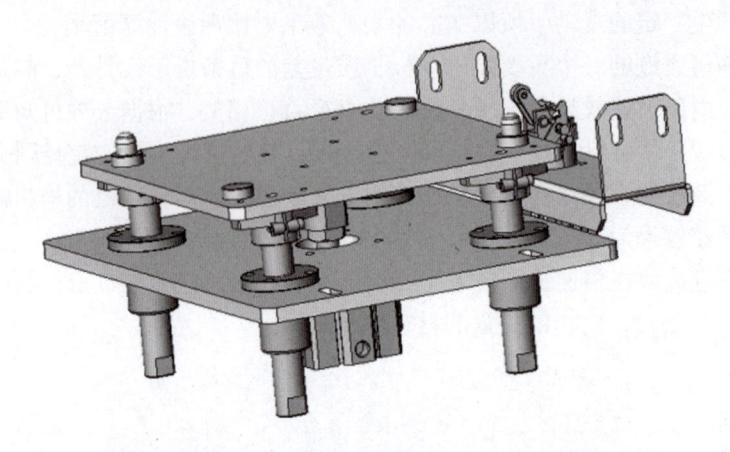

图4-21 顶升机构

常见的倍速链有两层，一层用于运送物料，另一层用于回收托盘（见图4-22）。上层有顶升机构、阻止气缸、物料和托盘，下层回收托盘时，为防止堵塞，也安装了顶升机构。工作过程是物料放在托盘上，运输到下个工序时，阻挡气缸挡住托盘，然后顶升机构将托盘和物料顶起，末端的阻止气缸将物料顶起，取出物料，托盘则通过升降台（见图4-23）回到下层倍速链，并被送到输送台的另一端，为防止堵塞，下层倍速链也安装了阻挡气缸，通过升降台，托盘又回到上层倍速链，阻止气缸再次阻止托盘前进，顶升机构再次将托盘顶起，存放物料，如此反复进行。

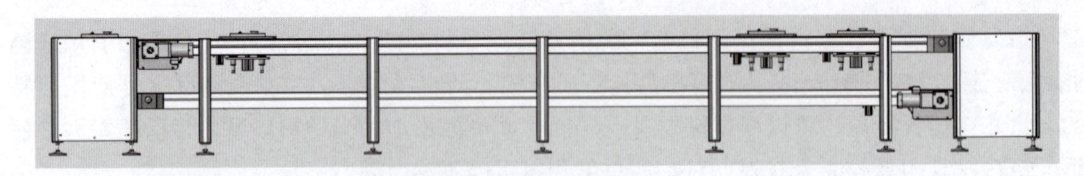

图4-22 倍速链两层

顶升机构的运动主要是平移（见图4-24）和顶升，平移机构主要是通过控制电机（这里建议选用步进电机）连接减速器，通过同步轮连接到皮带线，从而带动皮带线。另一部分是升降机构，通过气缸带动链条，然后链条带动水平平移机构进行升降动作。为什么不是气缸直接连接水平平移机构而是通过链轮和链条连接水平平移机构呢？这是因为倍速链上层和下层之间的距离使气缸具有一定的高度，如果把水平平移机构直接安装在气缸上，会使下层的倍速链特别高，导致上层也会更高，这不利于工序的加工和完成，所以应通过气缸连接两个链轮，然后绕过链轮采用链条固定。

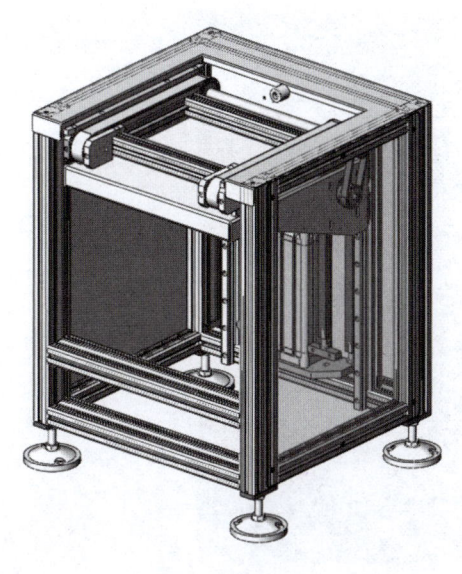

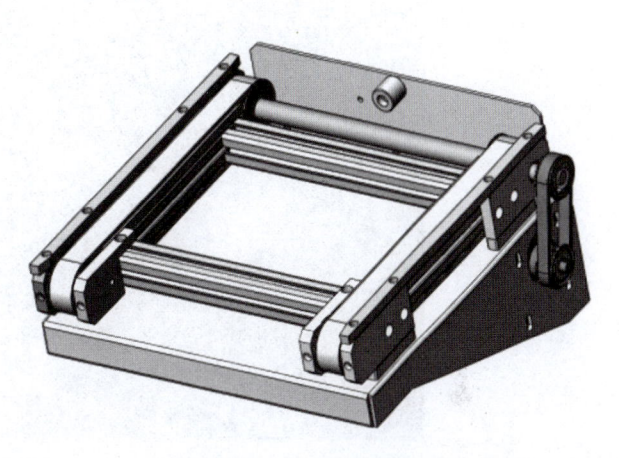

图 4-23 回收托盘　　　　　　　　　图 4-24 水平移动机构

4.1.4 滚筒线

滚筒线适用于输送底部是平面的物料，其组成部分主要包括滚筒、链条、传动装置和底座。滚筒是输送线的核心部分，通常由不锈钢或铝合金制成，具有较大的表面积，可以增加与物料的摩擦力。链条是传动装置，用于连接滚筒和电机，使滚筒能够转动。传动装置包括电机、减速器或链条传动轴等，用于将动力传递给滚筒。底座则是输送线的基础部分，用于增加滚筒的稳定性和承载能力。滚筒输送线的工作原理是利用滚筒与链条的摩擦力带动物料向前移动。当滚筒转动时，它会带动物料一起移动。由于物料较重，所以在移动过程中，滚筒会受到一定的压力。为了提高输送效率，通常会在滚筒上安装多个链条，以便同时输送多个物料，而且易于衔接过渡，可以用多条滚筒线及其他输送设备或专机组成复杂的物流输送系统，完成多方面的工艺需要。滚筒线根据其是否具有驱动装置，可以分为无动力式和动力式两类。无动力式滚筒线又称辊道，适用于各类箱、包、托盘等货料的输送，散料、小件物料或不规则的物料需放在托盘上或周转箱内输送（见图 4-25）。滚筒线的材料可以是碳钢、不锈钢、铝材、PVC、塑钢等，其驱动方式包括减速电机驱动和电动滚筒驱动，调速方式有变频调速和电子调速。

滚筒输送线的主要优点如下。

（1）输送能力大。能够快速且连续地输送物料，适合大批量生产环境。

（2）适用范围广。适用于各类箱、包、托盘等货料的输送，且能够承受较大的冲击载荷。

（3）运行稳定。由于其结构简单，工作原理可靠，所以滚筒输送线能够长时间地稳定运行。

（4）输送速度快。能够快速地将物料按照预定的路线进行输送和分拣，从而提高物流效率。

图 4-25　滚筒线输送

（5）多品种共线分流输送。能够实现多种物料在同一输送线上分流输送，提高灵活性。

滚筒输送线也有一些缺点。

（1）对物料形状有一定要求。它适用于底部是平面的物料，对于散料、小件物料或不规则物料，需要放在托盘上或周转箱内输送。

（2）维护要求高。虽然结构简单，但仍然需要定期维护，以确保其正常运行和延长使用寿命。

（3）虽然占地面积小，但对于空间利用有较高要求的场合可能不够灵活。

滚筒线分为动力滚筒线和无动力滚筒线，上述介绍的是动力滚筒线，现在介绍无动力滚筒线。无动力滚筒线主要依赖于外部设备或传动装置提供动力，本身不具备自主驱动能力。它的工作原理基于滚子间的旋转和物料之间的摩擦力，通过滚子的推动实现物料的传送。无动力滚筒的机械部分主要由机架、滚筒管、滚子及导护边等几部分组成，其中滚筒管是主要承载部件，通常由金属或塑料制成，用于容纳滚子并提供运输物料的通道。滚子位于滚筒管内部，通常是由金属或塑料制成的圆柱形轴承，起支撑和推动物料的作用。无动力滚筒的动力通常由外部设备传递，常见的方式包括链条传动、皮带传动等，动力传递装置将动力通过轴承或连接装置传递给滚筒，使滚子进行旋转。为了保持滚筒的稳定性和平衡性，无动力滚筒通常需要安装在支撑结构上，如机架、支架或框架。

无动力滚筒的工作过程如下。①物料放置在无动力滚筒的起点位置，可以是各种形状和尺寸的物体，如纸张、塑料片、衣物等。②由于重力作用，物料在滚筒的起点位置向下滑动。在滑动过程中，物料与滚筒之间产生摩擦力，从而提供足够的推动力。③通过重力和摩擦力的共同作用，物料沿着滚筒的方向移动，最终到达无动力滚筒的终点位置，在此，物料可以被收集、转移到其他输送装置或进行下一步的处理（见图 4-26）。

图 4-26　无动力滚筒线

4.2　皮带线结构原理与设计

上一节介绍了皮带线的作用和用途，以及常见的几种皮带线的种类，如水平皮带线、爬坡皮带线以及转弯皮带线。本节介绍皮带线的设计方法，皮带线属于非标产品，因为皮带线的尺寸以及速度都要按照产品尺寸和工作情况进行设计。皮带线的工作原理是通过电机驱动皮带轮，皮带轮带动皮带运动，从而将物料输送到目的地。

皮带线由驱动部分、中间支承部分和皮带尾部三部分组成。驱动部分是皮带线的主体部分，由驱动器、减速器、电机和皮带轮组成，它们共同作用产生动力，带动皮带运动。中间支承部分由滚筒、支撑架和皮带组成。皮带尾部主要由滚筒、减速器和电机组成。皮带线具有输送量大、输送距离长、输送速度快、连续性好、适用范围广等优点。同时，皮带线也有其缺点，如易受环境影响，输送物料的流量难以控制，需要占用较大的场地等。但是，皮带线的优点远大于缺点，因此其在很多生产领域得到了广泛应用。

皮带线的组成如下。

（1）皮带。用于输送物料。皮带运行时，工件或物料依靠与皮带之间的摩擦力随皮带一起运动，使工件或物料从一个位置输送到另一个位置。上方的皮带需要运送工件，为承载段，下方的皮带不工作，为返回段。

（2）主动轮。直接驱动皮带，依靠轮与带之间的摩擦力驱动皮带运行。

（3）从动轮。支撑皮带，使皮带连续运行。

（4）托盘或托辊。直接支撑皮带及皮带上方的物料，使皮带不下垂。对于要求皮带运行时保持高度平整的场合，通常在皮带输送段的下方采用板状的托盘，或者简单地使用托辊。由于皮带返回段没有承载工件，通常间隔采用托辊支承。

（5）定位挡板。由于输送工件时一般都需要使物料保持一定的位置，通常都在输送皮带的两侧设计定位挡板或挡条，使物料始终在直线方向上运动。

（6）张紧机构。由于皮带在运动时会发生松弛，因此需要有张紧机构调节皮带的张力，张紧机构也是皮带安装及拆卸必不可少的机构。

（7）电机驱动系统。主动轮必须通过电机驱动系统来驱动，通常由电机经过减速器减速后再通过齿轮传动、链传动或同步带传动来驱动皮带主动轮。也有部分情况下，电机经过减速器减速后直接与皮带主动轮连接，以节省空间。

基于以上皮带线的零件和机构分析，先确定基本参数、被输送物料的尺寸、被输送物料的质量和速度、输送线的高度、长度（需要客户确定）。

根据产品的尺寸可以确定皮带线的宽度和高度，长度由客户确认。物料的速度可以根据公式 $V=WR$ 计算，R 为主动轮尺寸，可以自定。先根据 $n=W/2\pi$ 可以计算转速。计算 $F=G(m_1+m_2+m_3)\mu$，其中，m_1 为物料的质量；m_2 为皮带线的质量；m_3 为主动轮的质量。根据 $P=FV$，$T=P\times9.55/N$ 得到电机需要的转矩。然后设计皮带线的主动轴，设计主动轮的时候要留出键槽和两个轴承位置，从动轮只需要留出两个轴承位置即可。

在设计的时候根据物料需要运输的距离来确定皮带线的长度和宽度，根据现有的皮带线的设计流程操作，如图4-27所示，物料随着皮带线传到阻挡块，之后被工业机器人的末端执行器吸附或者夹紧。

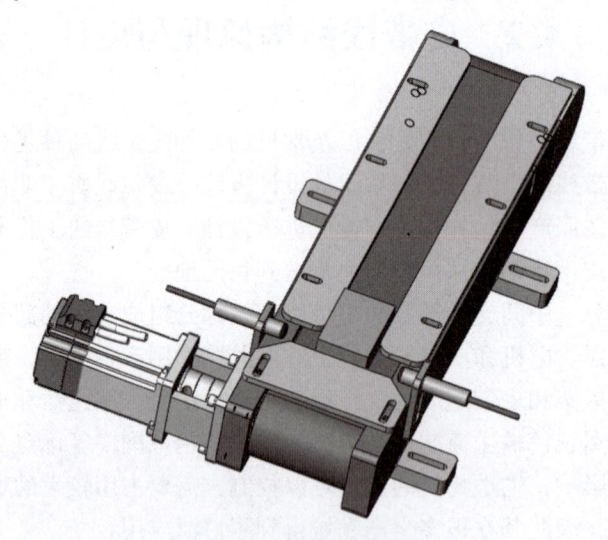

图4-27 小型皮带输送线

首先确定皮带线输送的物料为PMMA，长度为60 mm，宽度为40 mm，高度为18 mm，然后根据SolidWorks评估的质量为0.06 kg。物料块两侧都有阻挡块且阻挡块都采用U形槽来固定，方便以后物料块修改形状。在这款小型的皮带线中，有两种不同的阻挡块。一种是两侧的阻挡块，两侧的阻挡块是对称的，尺寸和大小一样，材料采用铝合金6061。另一种是在皮带线一端的阻挡块，材料也选用铝合金6061。在阻挡物料块前进的一端装有光电开关，光电开关的检测距离为50 mm，光电开关是通过两端螺母锁在钣金上，然后把钣金锁在两侧的固定块上面。

皮带线的皮带材料如下。

（1）橡胶皮带。橡胶皮带是最常见的一种皮带材料，由多层橡胶和纤维材料组成，橡胶皮带具有优异的柔韧性和抗拉强度，能够承受重物的运输，它具有良好的耐磨性和耐腐蚀性，适用于多种工况环境下的输送需求，橡胶皮带广泛应用于矿山、港口、建筑材料等行业。

（2）PVC 皮带。PVC 皮带是一种以聚氯乙烯为基础材料制成的皮带，它具有质量轻、耐磨性好的特点，PVC 皮带表面光滑，不易黏附物料，易清洁，它广泛应用于食品加工、制药、轻工等行业，特别适用于需要进行清洁和卫生要求较高的场所。

（3）PU 皮带。PU 皮带是以聚氨酯为基础材料制成的，它具有较高的强度和良好的耐磨性能，能够承受高张力和高速度的运输。PU 皮带表面平整，不易变形，具有较好的稳定性，广泛应用于电子、汽车、机械制造等行业，特别适用于对皮带要求较高的精密传输领域。

（4）尼龙皮带。尼龙皮带是以尼龙纤维为主要原料制成的，它具有高强度、高拉伸模量和良好的耐磨性，尼龙皮带耐油、耐溶剂，适用于在高温和恶劣工况下使用，它广泛应用于冶金、化工、玻璃等行业，特别适用于长距离和高负荷的输送。

（5）金属网带。金属网带是由金属丝编织而成的，它具有极高的强度和耐高温性能，能够承受高温和重物的输送，金属网带广泛应用于烘干、烧结、热处理等行业，特别适用于需要通风和散热的工作环境。

这里选用的输送线皮带为 PVC 输送带（见图 4-28）。已知物料从起点到终点的时长为 3 s。因为工作台的面积限制，设计小型皮带线的长度为 450 mm。物料实际输送的距离为 240 mm，时间为 2 s，速度不低于 0.12 m/s。因为是皮带线输送的，所以不需要考虑皮带从零开始的加速度，也不需要考虑停止时需要的时间。驱动轮和从动轮的直径为 50 mm。先设计皮带线的宽度，皮带线内部宽度设计为 80 mm。然后开始推算皮带线主动轮和驱动轮之间的距离，暂定两轮中心的距离为 400 mm。皮带线一端是驱动端，另一端是张紧端，驱动端是电机连接减速器，再连接联轴器，然后联轴器连接驱动轴进行驱动。

图 4-28　PVC 输送带

联轴器又称联轴节，它是将不同机构中的主动轴和从动轴牢固地连接起来一同旋转，并传递运动和扭矩的机械部件。有时也用以连接轴与其他零件（如齿轮、带轮等）。常由两部分合成，分别用键等连接，紧固在两轴端，再通过某种方式将两部分连接起来。联轴器可兼有补偿两轴之间由于制造安装不精确、工作时的变形或热膨胀等原因所发生的偏移（包括轴向偏移、径向偏移、角偏移或综合偏移）以及缓和冲击，吸振的作用。

确定驱动轮和张紧轮之间的距离后确定皮带的长度为 957 mm,确定皮带的长度后可以确定电机,这里选用步进电机。根据速度 0.12 m/s 计算转速:

$$v = wr \tag{4-1}$$

$$w = 2\pi n \tag{4-2}$$

则

$$v = 2\pi n r \tag{4-3}$$

$$n = \frac{v}{2\pi r} \tag{4-4}$$

式中,v 为线速度,m/s;w 为角速度,rad/s;n 为转速,r/min;r 为驱动轮半径,m。

计算得出结果是 46 r/min,这是电机通过减速器之后的转速,最后确定的转速必须大于此转速。确定好转速后,确定电机的转矩。转矩的公式为

$$T = F \times R \times a \tag{4-5}$$

式中,T 为转矩,N·m;F 为需要的力,N;R 为滚筒的半径,m;a 为安全系数。F 的计算式如下:

$$F = \mu(2m_1)g + \mu m_2 g + \frac{1}{3}\mu m_2 g \tag{4-6}$$

式中,m_1 为物料的质量,kg;m_2 为 2 倍物料质量加皮带线的质量,kg;μ 为摩擦系数 0.5。

关于惯量的计算公式:

$$J = \frac{m_3 r^2}{2} \tag{4-7}$$

式中,J 为惯量,kg·m²;m_3 为驱动轮质量+2 倍物料质量+皮带线质量,kg;r 为驱动轮半径,m。

经过计算得出转矩为 0.425 N·m,取 0.5 N·m,惯量为 0.3×10^{-3} kg·m²,根据转矩和惯量,选择合适的步进电机配减速器。

步进电机利用电了磁学原理,它将电能转换为机械能,通过控制施加在电机线圈上的电脉冲顺序、频率和数量,实现对步进电机的转向、速度和旋转角度的控制。每当步进电机收到脉冲信号时,其转子就会按照设定的方向转过一个固定的角度,这个角度被称为步距角。通过连续接收脉冲信号,步进电机可以实现连续的旋转运动,且旋转的角度与接收的脉冲数量成正比,因此可以实现对位置的精确控制。此外,改变脉冲信号的顺序,可以方便地改变步进电机的旋转方向。

(1) 改变极对数变速的优缺点。

优点:①无附加转差损耗,效率高;②控制电路简单,易维修,价格低;③与定子调压或电磁转差离合器配合可得到效率较高的平滑调速。

缺点:有级调速,不能实现无级平滑的调速,并且受电机结构和制造工艺的限制,通常只能实现 2~3 种极对数的有级调速,调速范围相当有限。

(2) 变频调速的优缺点。

优点:①无附加转差损耗,效率高,调速范围宽;②对于低负载运行时间较长或启停较频繁的场合,可以达到节电和保护电机的目的。

缺点:技术较复杂,价格较高。

(3) 换向器电机调速的优缺点。

优点:①具有交流同步电机结构简单的特点和直流电机良好的调速性能;②低速时用电

源电压,高速时用步进电机反电势自然换流,运行可靠;③无附加转差损耗,效率高,适用于高速、大容量同步电机的启动和调速。

缺点:过载能力较低,原有电机的容量不能充分发挥。

(4) 串子调速的优缺点。

优点:①可以将调速过程中产生的转差能量回收利用,效率高;②装置容量与调速范围成正比,适用于70%~95%的调速。

缺点:功率因素较低,有谐波干扰,正常运行时无制动转矩,适用于单象限运行的负载。

(5) 定子调压调速的优缺点。

优点:①线路简单,装置体积小、价格低;②使用、维修方便。

缺点:①调速过程中增加转差损耗,此损耗使转子发热,效率较低;②调速范围比较小;③要求采用高转差电机,如特殊设计的力矩电机,所以特性较软,一般适用于 55 kW 以下的异步电机。

(6) 电磁转离合器调速的优缺点。

优点:①结构简单,控制装置容量小,价格便宜;②运行可靠,维修容易;③无谐波干扰。

缺点:①速度损失大,因为电磁转差离合器本身转差较大,所以输出轴的最高转速仅为电机同步转速的 80%~90%;②调速过程中转差功率全部转化成热能形式的损耗,效率低。

(7) 转子串电阻调速的优缺点。

优点:①技术要求较低,易于掌握;②设备费用低;③无电磁谐波干扰。

缺点:①串铸铁电阻只能进行有级调速,若用液体电阻进行无级调速,则维护、保养要求较高;②调速过程中附加的转差功率全部转化为所串电阻发热形式的损耗,效率低;③调速范围不大。

步进电机及减速器选好后,用联轴器把步进电机和驱动滚筒连接起来(见图 4-29)。例如,在设计皮带线(图 4-30)的过程中,驱动轮的一端需要连接联轴器,在设计驱动轮的时候需要在两端留出轴承位用于连接驱动轮的轴承。因为其收到的主要是径向力,所以要采用深沟球轴承。设计驱动滚轮的宽度和 PVC 带相同(除轴承位),驱动轮的直径为 50 mm。打开 3D 软件 SolidWorks,在特征工具栏中单击"凸台旋转"命令,然后以前视图为基准绘制草图,只需要绘制一半的草图即可,先绘制一条长度为 78 mm 的直线,然后绘制一个凸台用于轴承的避空。绘制轴承位时要知道轴承的内径,此处内径为 20 mm,然后选择轴承的宽度为 8 mm。需要绘制一个卡槽,用来固定轴承。然后需要绘制一根伸出轴,用来连接联轴器,传递动力(见图 4-31)。连接联轴器的凸台根据联轴器孔的尺寸进行设计,绘制完成后进行倒角。

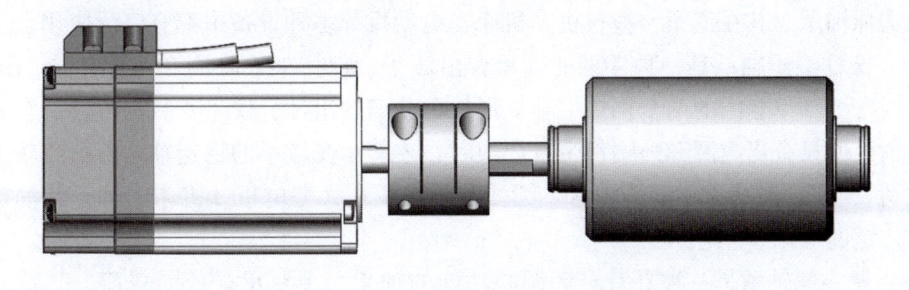

图 4-29 电机通过联轴器连接滚筒

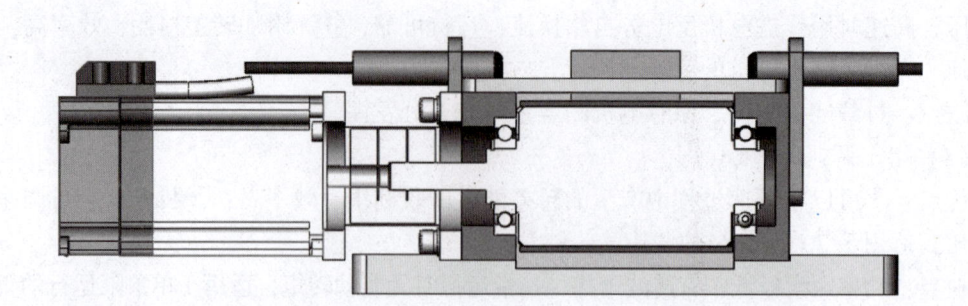

图 4-30 皮带线动力端截面

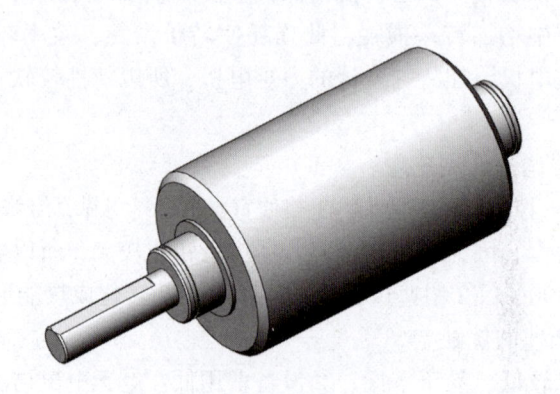

图 4-31 动力滚筒

以上设计中会用到轴承和联轴器，下面介绍轴承的种类和使用场合。

（1）圆锥滚子轴承是一种配备有圆锥形滚子的轴承，其滚子由内圈的大挡边引导。这种设计使得内圈滚道面、外圈滚道面和滚子滚动面的各圆锥面顶点相交于轴承中心线上的一点。单列圆锥滚子轴承可以承受径向载荷和单向轴向载荷，而双列圆锥滚子轴承则可以承受径向载荷和双向轴向载荷。"3"表示圆锥滚子轴承。这种轴承特别适用于承受重载荷和冲击载荷的应用场合，如汽车的前轮、后轮、变速器、差速器小齿轮轴、机床主轴、建筑机械、大型农业机械、铁路车辆齿轮减速装置、轧钢机辊颈和减速装置等。

（2）深沟球轴承是一种应用广泛的滚动轴承，其特点是每个套圈具有连续的沟形滚道，横截面约为球圆周的 1/3。这种设计使其主要承受径向载荷，同时也能承受一定的轴向载荷。当径向游隙增加时，它还具有角接触球轴承的特性，能承受两个方向上交替变化的轴向载荷。与同尺寸其他类型轴承相比，深沟球轴承的摩擦系数小、极限转速高且精度高。"6"表示深沟球轴承。其在汽车、拖拉机、机床、电动机等多种设备中都有广泛应用。

（3）圆柱滚子轴承是一种常见的轴承，由滚子、保持架、轴圈和座圈组成。这种轴承的滚子通常由轴承套圈的两个挡边引导，形成可分离的组件，便于安装和拆卸。它主要承受径向载荷，但只有当内圈和外圈都带有挡边时，才能承受较小的稳定轴向载荷或较大的间歇轴向载荷。"N"表示圆柱滚子轴承。圆柱滚子轴承在大型电机、机床主轴、柴油机曲轴等领域有广泛的应用。

（4）调心球轴承是一种具有自动调心功能的轴承，主要承受径向载荷。其特点是双列钢球和球面的外圈滚道使轴承能够自动调整由轴或轴承座的挠曲或不同心引起的轴芯不正的情况。"1"表示调心球轴承。此外，圆锥孔轴承可以使用紧固件轻松地安装在轴上。这种轴承广泛应用于木工机械、纺织机械传动轴等领域。

（5）角接触球轴承是一种具有特定接触角的轴承，其接触角决定了轴向负载能力和旋转速度。标准接触角有15°，30°和40°，接触角越大，轴向负载能力越强，接触角越小则越利于高速旋转。单列角接触球轴承主要承受径向载荷和单向轴向载荷，而由于结构背面的两个单列轴承共享一个内圈和一个外圈，因此，也可以承受径向载荷和双向轴向载荷。"7"表示角接触球轴承。这种轴承广泛应用于各种机械设备中，如机床主轴、高频电动机和油泵等。

选择轴承需要考虑的因素如下。

（1）载荷。

轴承所能承受的载荷是首先要考虑的因素。轴承承受的载荷有两种，一种是平行于旋转轴的轴向载荷，一种是垂直于旋转轴的径向载荷。

（2）旋转速度。

旋转速度是另一个需要考虑的因素。有保持架的圆柱滚子轴承和滚针轴承相比没有保持架的轴承转速更高。然而，更高的速度有时是以牺牲载荷为代价的。

（3）精确度。

还需要考虑可能存在的偏差，如嵌入式轴承和球面轴承容易出现一些对准偏差的情况。有些轴承不适用于这种情况，如双排滚珠轴承。因此，需要注意轴承的结构，建议使用自动调心轴承来调整，以便自动纠正由于轴弯曲或安装错误引起的对准缺陷。

（4）振动和冲击。

在选择理想轴承时，有必要分析轴承运作时的工作环境。如轴承可能会受到多种污染，某些用途可能导致噪声干扰、冲击和（或）振动等。因此，轴承一方面必须能够承受这些冲击，另一方面又不能带来不便。

（5）密封系统。

良好的密封系统是确保轴承正确并持久运行的关键，因此，必须确保轴承始终受到良好的保护，不受任何杂质和外部因素的影响，如灰尘、水、腐蚀性液体或使用过的润滑剂等。

（6）刚性。

在轴承组件中施加预载荷，可以增加其刚度。此外，预载荷将对延长轴承寿命和降低系统噪声会产生积极影响。

动力机到工作机之间，会通过一个或数个不同品种、型号、规格的联轴器将主从动端连接起来，形成轴系传动系统。由于动力机工作原理和机构不同，其机械特性差别较大，对传动系统形成的影响不等。关于联轴器的选择注意事项如下。

（1）动力机的机械特性。

不同类别的动力机，其机械特性不同，动力机的类别是选择联轴器品种的基本因素，应根据相应的动力机系数，选择适合于该系统的最佳联轴器。动力机的功率是确定联轴器性能的主要依据之一，与联轴器转矩成正比。

（2）纠偏能力。

纠偏能力是指弹性联轴器弹性体本身所具有的能承受径向、角向、轴向的弹性恢复能力。根据机械和使用场合要求的精确度、误差的不同，可选用不同纠偏能力的联轴器，来纠正机械产生的误差，达到延长电机和丝杆或其他传动器件的使用寿命的目的。

（3）载荷类别。

由于结构和材料不同，联轴器载荷能力差异很大。载荷类别主要是工作机的工作载荷由冲击、振动、正反转、制动、频繁起动等原因而形成的不同类别的载荷。传动系统的载荷类别是选择联轴器品种的基本依据。

（4）联轴器的许用转速。

联轴器的许用转速范围根据联轴器不同材料允许的线速度和最大外缘尺寸，经过计算而确定。不同材料、品种、规格的联轴器许用转速的范围不同，改变联轴器的材料可提高联轴器许用转速范围。

（5）工作环境。

联轴器与各种不同主机产品配套使用，周围的工作环境，如温度、湿度、水、蒸汽、粉尘、沙子、油、酸、碱、腐蚀介质、盐水、辐射等状况，是选择联轴器时必须考虑的重要因素之一。环境不同，所选用联轴器的材料也不同。

电机的固定需要一个电机固定支架（见图 4-32），固定支架的作用是把电机固定在滚筒支撑架上面。电机固定支架的结构如图 4-33 所示。设计电机固定支架时，需要注意联轴器的长度，固定支架中连接板的长度要比联轴器的长度长。电机的功率比较小，固定支架的几个零件材料为铝合金 6061。电机固定支架一端连接电机，另一端则连接滚筒支撑架，连接电机端的固定孔要按照电机的孔位进行设计。连接支撑板的孔位采用沉头孔。前后两块固定板上的圆孔直径要比联轴器的外径大 2 mm 以上，避免联轴器在旋转的时候产生干涉。

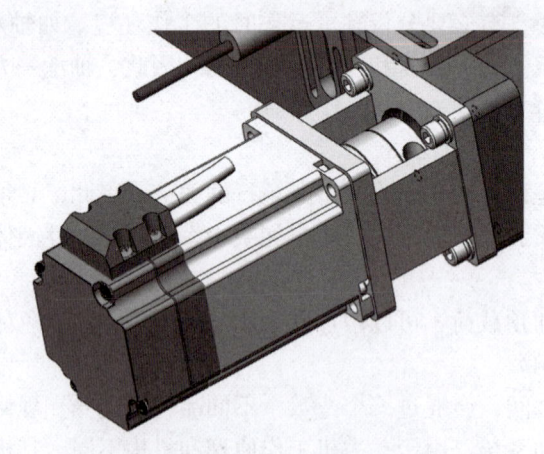

图 4-32 电机固定支架

下面开始设计滚轮固定块，滚轮固定块和滚轮之间是没有螺钉固定的，主要用于卡住深沟球轴承。绘制滚动轮的右固定块（左右两边需要分开画，不能共用）。单击特征工具栏中"拉伸凸台/基体"按钮，确认前视图为草图的基准平面。先绘制一个矩形的草图，长度为 400 mm、宽度为 60 mm。单击确认草图，拉伸凸台的深度为 20 mm。然后开始切除轴承的安装位置，深度和轴承的深度一样，再将轴承的孔位贯穿，要求孔径小于轴承外径，大于轴承内径也要大于联轴器的外径（见图 4-34）。

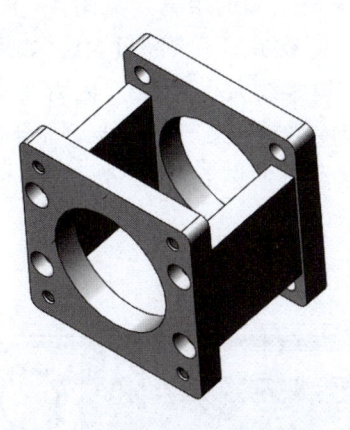

图 4-33 电机固定支架的结构

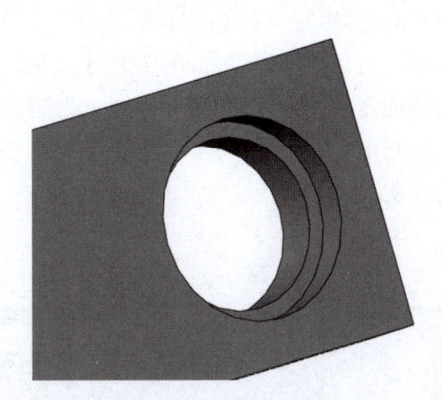

图 4-34 切除轴承孔位

下面绘制用来安装电机固定支架的螺纹孔。螺纹孔的深度可以贯穿也可以根据螺纹孔的大小来适当地选择。在固定架上面钻螺纹孔（见图 4-35），该螺纹孔是用来固定两侧的导向块（见图 4-36）还有阻挡块（见图 4-37）的，螺纹孔的大小为 M8。

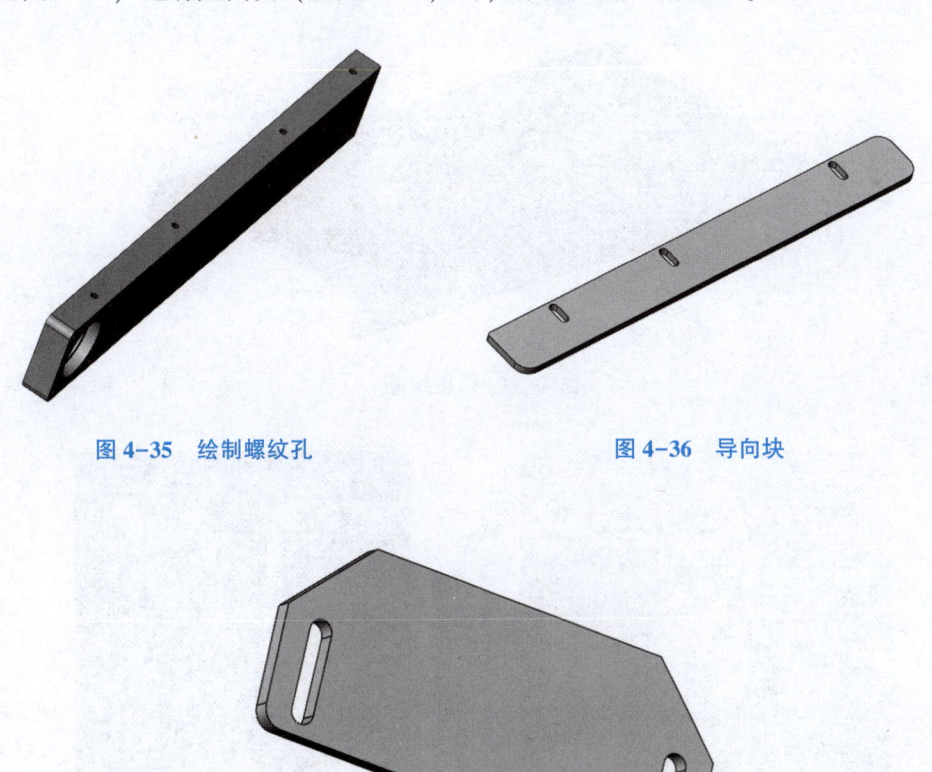

图 4-35 绘制螺纹孔

图 4-36 导向块

图 4-37 阻挡块

皮带线里面需要一块钣金来支撑皮带线，也防止皮带线在运输的过程中发生凹陷。钣金

工业机器人应用系统建模

的厚度为 2 mm，长度小于皮带线的长度，也小于两个滚筒之间的距离（见图 4-38），这里取值 300 mm。钣金支撑板用螺钉固定，因为厚度较薄，螺纹最好不要超过 M5，如果要攻比较大的螺纹可以在孔的背面焊接螺母（见图 4-39），这里螺纹大小为 M5。因为在输送线的末端需要固定传感器（见图 4-40），为避免固定螺钉和传感器支架产生干涉，固定钣金支撑板的孔位只能是沉头孔。为了让钣金支撑板可以上下移动方便调节 PVC 带，需要打一个沉头槽孔（见图 4-41）。

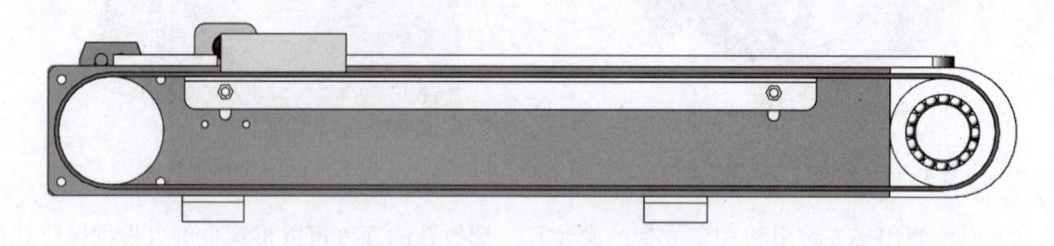

图 4-38　皮带线截面

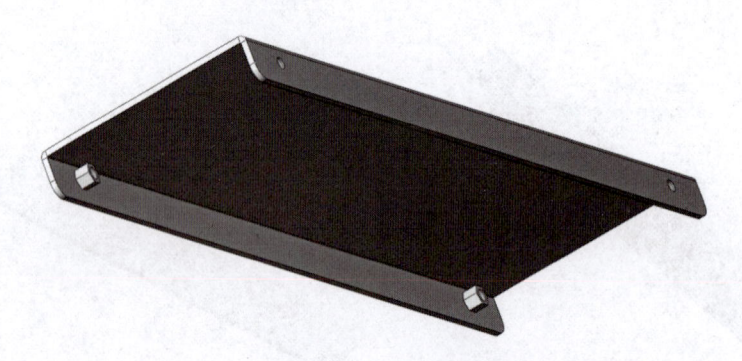

图 4-39　焊接螺母

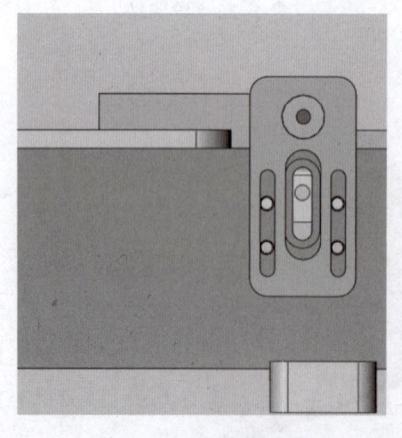

图 4-40　安装传感器

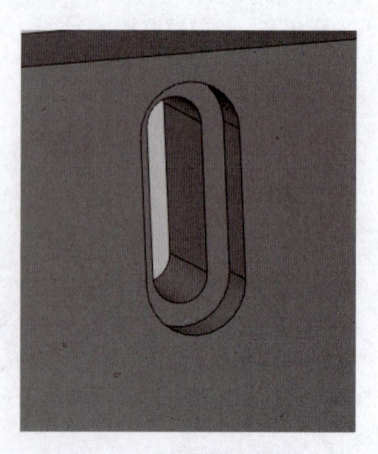

图 4-41　绘制沉头槽孔

将固定钣金支撑板的孔位绘制好之后，接下来绘制固定底板的螺纹。固定底板的作用是既能固定滚筒安装板也能把整条皮带线安装在台面上（见图 4-42）。需要注意的是固定滚筒安装板的孔也是沉头通孔，这样才不会在把皮带线固定在台面的时候卡住。在固定底板下面还需要留出皮带的避空位（见图4-43），如果没有避空位PVC输送带就可能擦到固定底板。在绘制滚轮固定板的时候，滚轮固定板底需要用螺钉来安装张紧机构。设置螺纹固定孔，这样滚轮安装板就绘制好了（见图4-44）。

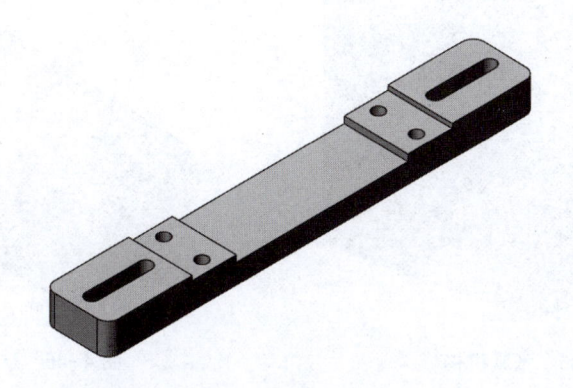

图 4-42 固定底板

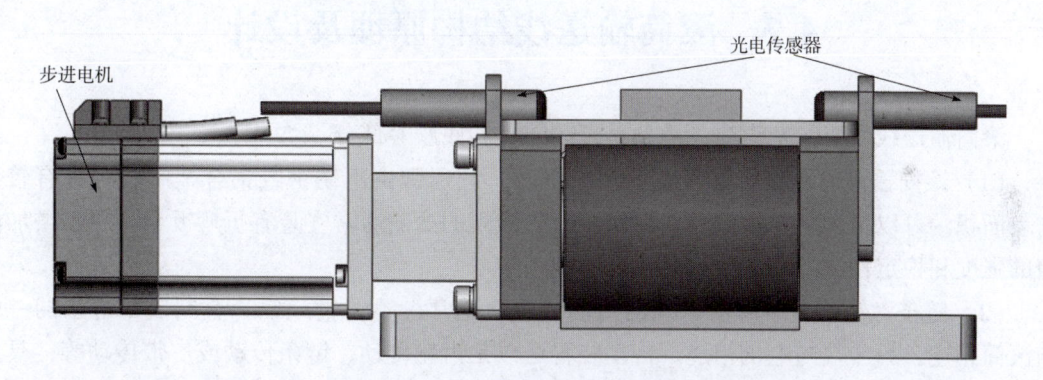

图 4-43 安装支架安装在台面

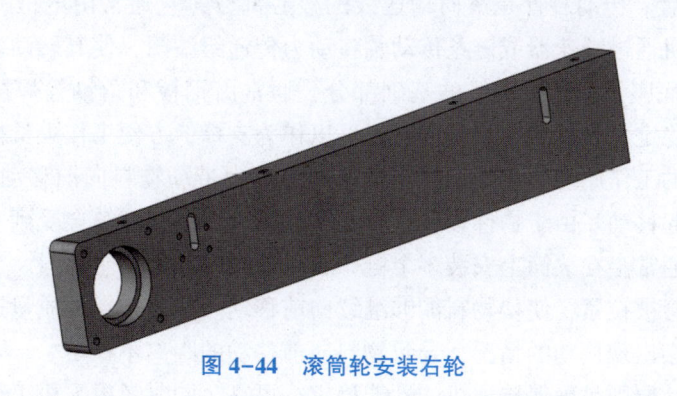

图 4-44 滚筒轮安装右轮

滚轮固定左安装板和右安装板的结构是相似的，只是不需要连接电机，前已述及这里就不再赘述了。

下面了解一下张紧机构（见图4-45）。从动轮是通过螺钉前后的移动从而实现PVC带的安装和张紧的。从动轮和主动轮的结构不同。主动轮的主要作用是传递动力，而从动轮的作用是跟随主动轮进行传动。从动轮（见图4-46）的结构分为三个部分：一是套筒，通过连接轴承产生相对运动（套筒旋转，轴芯不动）；二是两个深沟球轴承；三是轴芯，用来控制前后移动。

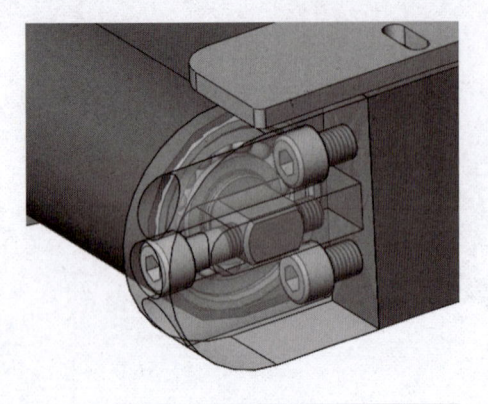

图4-45 张紧机构　　　　　图4-46 从动轮

4.3　滚筒输送线结构原理及设计

滚筒输送线主要包括滚筒、链条、传动装置和底座等部分。

（1）滚筒。滚筒是滚筒输送线的核心部分，它通常由不锈钢或铝合金制成，具有较大的表面积，可以增加其与物件之间的摩擦力。滚筒的两侧通常安装有折弯钣金，用于增加滚筒的强度和稳定性。

（2）链条。链条是滚筒输送线的传动装置，通常由不锈钢或铝合金制成。链条的一端与滚筒相连，另一端与电机相连。传动装置可以是齿轮传动、链条传动或皮带传动等，具体选择要根据输送物件的质量和尺寸来决定。

（3）传动装置。传动装置是滚筒输送线的核心部分，它通常由电机、减速器或链条传动轴等组成。电机通过减速器或链条传动轴将动力传递给滚筒，使其转动。

（4）底座。底座是滚筒输送线的基础部分，通常由钢板和角钢等焊接而成。底座的作用是增加滚筒的稳定性和承载能力，同时也可以作为支撑，方便工作人员操作。

滚筒输送线的工作原理是利用滚筒与链条的摩擦力带动物料向前移动。当滚筒转动时，它会带动物料一起移动。由于物件较重，所以在移动过程中，滚筒会受到一定的压力。为了提高输送效率，通常会在滚筒上安装多个链条，以便同时输送多个物料。当物料移动到链条的末端时，链条会被拉紧，使得物料能够继续向前移动。如果物料的质量过大或者输送速度过快，链条可能会出现松动的情况，导致物料向前移动的距离不稳定。

滚筒线的设计原则是确保输送机的性能稳定、可靠，同时考虑人机工程学因素，提高使用效率和安全性。

（1）输送能力。

滚筒输送线的设计首先要符合输送能力的要求。根据生产线的需求，确定合适的输送速度和输送量，以满足生产节拍和生产效率的要求。同时，还需要考虑物料的特性、输送带的宽度和物料在输送带上的分布等因素，以选择合适的输送速度。

（2）稳定性。

滚筒输送机的稳定性对于设备的寿命和生产线的正常运行至关重要。在设计时，应选择合适的滚筒材料和结构，以确保输送机的稳定性和耐久性。同时，还需要防止物料在输送过程中出现滑移和倾覆等问题，以确保生产线的稳定运行。

（3）人机工程学因素。

符合人机工程学是滚筒输送机设计的重要原则之一。设计时应充分考虑操作人员的舒适度和安全性，合理设置滚筒输送机的操作界面和操作空间，优化设备的结构和布局，降低操作人员的劳动强度，提高工作效率。此外，还需要考虑设备的可维修性和可操作性，便于维护和保养。

（4）节能环保。

随着环保意识的不断增强，节能环保已成为滚筒输送机设计的重要原则之一。设计时应充分考虑设备的能耗和排放，采用高效的电机和传动系统，降低设备的能耗和排放。同时，还应考虑设备的噪声和振动等因素，减少对周围环境和人员的影响。

（5）灵活性。

滚筒输送机应具备良好的灵活性和适应性，以便于适应不同的物料和工艺要求。设计时应充分考虑设备的可调节性和可扩展性，以便于根据实际需求进行设备的调整和扩展。同时，还应考虑设备的互换性和兼容性，以便于与其他设备进行组合和匹配。

（6）经济性。

经济性是滚筒输送机设计的另一个重要原则。设计时应充分考虑设备的制造成本和维护成本，采用合理的材料和工艺，降低设备的制造成本。同时，还需要考虑设备的使用寿命和价值等因素，以确保设备在长期使用过程中具有良好的经济效益。

在设计滚筒线的时候也和皮带线一样，先要了解产品的尺寸，包括产品的宽度和长度。不同于在设计皮带线的时候只需要知道产品的宽度即可（转弯皮带线除外）。物料在运输时，下面至少要有3~4根滚筒，这样才能够确保物料可以准确地运行。滚筒线运行（见图4-47）时通过电机连接减速器来减速增距，通过链轮链条将动力传递到滚筒线的滚筒上（见图4-48、图4-49）。

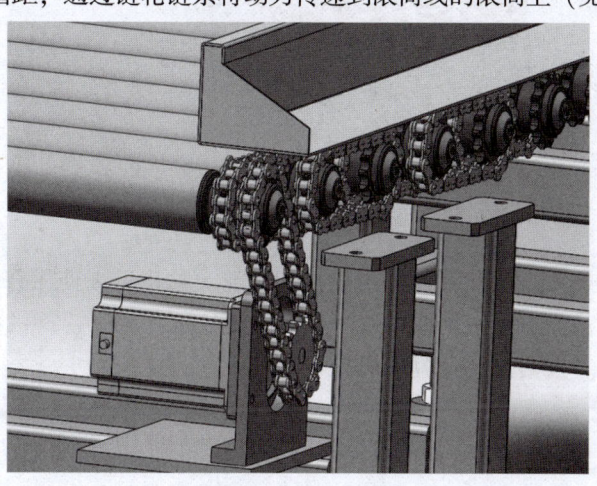

图 4-47　滚子链传动

图 4-48 滚筒

图 4-49 滚筒线滚筒的传动

现在开始设计滚筒线,假设要求滚筒线的长度为 2 m,滚筒线距离地面的高度为 500 mm,输送的产品为纸箱,其长为 420 mm,宽为 420 mm,高为 320 mm,质量为 6 kg(见图 4-50),速度要求是 0.2 m/s。

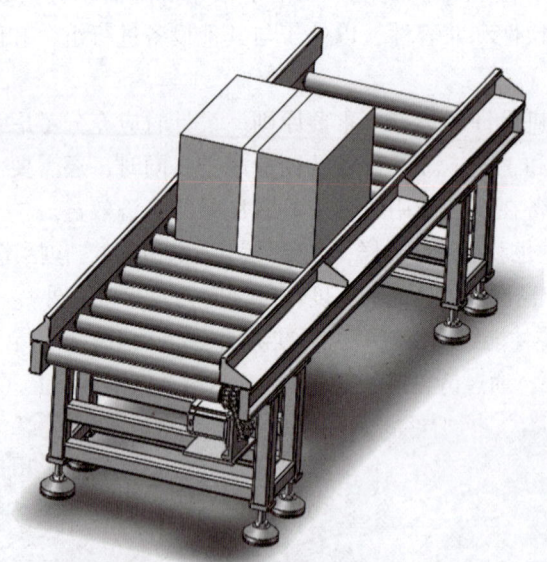

图 4-50 滚筒线实例

根据上面已知的条件进行计算,选择电机和链轮。这里可以使用普通的三相异步交流电机。先选择滚筒的直径,这里滚筒线的直径暂定为 50 mm。根据已知的线速度和滚筒的直径可以推导出转速公式。根据公式计算出电机的转速:

$$v = wr \tag{4-8}$$

$$w = 2\pi n \tag{4-9}$$

$$n = \frac{v}{2\pi r} \tag{4-10}$$

然后计算功率。电机功率的计算如下：

$$P=[(Lmgv\eta)/367]a \quad (4-11)$$

式中，P 为电机功率，kW；L 为输送线长度，m；m 为物料质量，kg；g 为重力加速度，m·s^{-2}；v 为带速，m·s^{-1}；η 为传动效率；a 为安全系数。

得到功率和转速就可以计算转矩。一般普通电机的计算不需要知道转矩，转矩的大小和功率成正比（在转速不变的情况下）。通过以上公式计算可以计算出转速为 75 r/min，功率为 0.15 kW，根据速度和功率选择电机。

确定电机之后，下一步选择链条和链轮。先来了解链传动的知识。

按照用途不同，链可分为起重链、牵引链和传动链三大类。起重链主要用于起重机械中提起重物，其工作速度小于或等于 0.25 m/s；牵引链主要用于链式输送机中移动重物，其工作速度小于或等于 4 m/s；传动链用于一般机械中传递运动和动力，通常工作速度小于或等于 15 m/s。传动链有齿形链和滚子链两种。齿形链是利用特定齿形的链片和链轮相啮合来实现传动的，齿形链用销轴将多对具有 60° 角的工作面的链片组装而成。链片的工作面与链轮相啮合。为防止链条在工作时从链轮上脱落，链条上装有内导片或外导片。啮合时导片与链轮上相应的导槽啮合。齿形链传动平稳，噪声很小，故又称无声链传动。齿形链允许的工作速度可达 40 m/s，但制造成本高，质量大，故多用于高速或运动精度要求较高的场合。用于动力传动的链主要有套筒滚子链和齿形链两种。套筒滚子链由内链板、外链板、套筒、销轴、滚子组成。外链板固定在销轴上，内链板固定在套筒上。滚子与套筒间和套筒与销轴间均可相对转动，因而链条与链轮的啮合主要为滚动摩擦。套筒滚子链可单列使用和多列并用，多列并用可传递较大的功率。套筒滚子链比齿形链质量轻、寿命长、成本低，在动力传动中应用较广。套筒滚子链和齿形链链轮的齿形应保证链节能自由进入或退出啮合，在啮入时冲击很小，在啮合时接触良好。

与带传动相比，链传动没有弹性滑动和打滑，能保持准确的平均传动比，需要的张紧力小，作用于轴的压力也小，可减少轴承的摩擦损失，其结构紧凑，能在温度较高、有油污等恶劣环境条件下工作。

与齿轮传动相比，链传动的制造和安装精度要求较低；中心距较大时其传动结构简单。瞬时链速和瞬时传动比不是常数，因此传动平稳性较差，工作中有一定的冲击和噪声。

链传动平均传动比准确，传动效率高，轴间距离适应范围较大，能在温度较高、湿度较大的环境中使用；但链传动一般只能用作平行轴间传动，且其瞬时传动比波动大，传动噪声较大。由于链节是刚性的，存在多边形效应（即运动不均匀性），这种运动特性使链传动的瞬时传动比变化大并会引起附加动载荷和振动，在选用链传动参数时须加以考虑。链传动广泛用于交通运输、农业、轻工、矿山、石油化工和机床工业等。

(1) 链条。

链条长度以链节数来表示。链节数最好取偶数，以便链条连成环形时正好使外链板与内链板相接，接头处可用弹簧夹或开口销锁紧（见图 4-51）。若链节数为奇数时，则需采用过渡链节。在链条受到拉力时，过渡链节还要承受附加的弯曲载荷，应避免采用。

齿形链由多个冲压而成的齿形链板用铰链连接而成，为避免啮合时掉链，链条应有导向板（分为内导式和外导式）。齿形链板的两侧是直边，工作时链板侧边与链轮齿廓相啮合。铰链可做成滑动副或滚动副，滚柱式可减少摩擦磨损，效果较轴瓦式好。与滚子链相比，齿形链运转平稳、噪声小、承受冲击载荷的能力高，但结构复杂，价格较贵，也较重，所以它的应用没有滚子链广泛。齿形链多用于高速（链速可达 40 m/s）或运动精度要求较高的传动。国家标准仅规定了滚子链链轮齿槽的齿面圆弧半径，齿沟圆弧半径和齿沟角的最大值和最小值。各种链轮的实际端面齿形均应在最大和最小齿槽之间，这样处理使链轮齿廓曲线设计有很大的灵活性。但齿形应保证链节能平稳自如地进入和退出啮合，并便于加工。符合上述要求的端面齿形曲线有多种。

图 4-51 链条

最常用的齿形是"三圆弧一直线"，即端面齿形由三段圆弧和一段直线组成。

（2）链轮。

链轮轴面齿形两侧呈圆弧状，便于链节进入和退出啮合。齿形用标准刀具加工时，在链轮工作图上不必绘制端面齿形，但需绘出链轮轴面齿形，以便车削链轮毛坯。轴面齿形的具体尺寸见有关设计手册。链轮齿应有足够的接触强度和耐磨性，故齿面多进行热处理。小链轮的啮合次数比大链轮多，所受冲击力也大，故所用材料一般应优于大链轮。常用的链轮材料有碳素钢（如 Q235、Q275、45、ZG310-570 等）、灰铸铁（如 HT200）等，重要的链轮可采用合金钢。小直径链轮可制成实心式，中等直径的链轮可制成孔板式，直径较大的链轮可设计成组合式；若轮齿因磨损而失效，可更换齿圈。链轮轮毂部分的尺寸可参考带轮。

（3）链轮齿数。

为提高链传动的运动平稳性、降低动载荷，小链轮齿数应多一些。但小链轮齿数也不宜过多，否则传动总体尺寸会很大，从而使链传动较早发生跳齿失效。链条工作一段时间后，由于磨损会使销轴变细，使套筒和滚子变薄。一般链条节数为偶数以免使用过渡接头。为使磨损均匀，提高寿命，链轮齿数最好与链节数互质，若不能保证互质，也应使其公因数尽可能小。

（4）链的节距。

链的节距越大，理论上承载能力越高。但节距越大，由链条速度变化和链节啮入链轮产生冲击所引起的动载荷越大，反而使链承载能力和寿命降低。因此，设计时应尽可能选用小节距的链，重载时选取小节距多排链的实际效果比选取大节距单排链的效果更好。

（5）中心距和链长。

链传动中心距过小，则小链轮上的夹角小，同时啮合的链轮齿数就少；若中心距过大，则易使链条抖动。一般可取中心距为 (30~50)p，最大中心距小于或等于 80p。链条长度用链的节数表示。按带传动求带长的公式可导出由此算出的链节数须圆整为整数，最好取偶数。运用上式可解得由求中心距 a 的公式：为便于安装链条和调节链，一般应将中心距设计成可调节的，或者应有张紧装置。

现在开始选择链条和链轮，如果没有合适的减速器可以在链轮的传动上再减速，如果有合适的减速器，链轮的传动比可以为 1∶1（齿数数量相同即可），计算公式如下：

$$p_c = pf_1f_2Km（Km 取值为 1） \qquad (4-12)$$

式中，p 为计算出来的电机功率，1.5 kW；f_1 为工况系数；f_2 为齿数系数（见图 4-52）。

从动机械特性	主动机械特性		
	平稳运转	轻微冲击	中等冲击
平稳运转	●1.0	○1.1	○1.3
中等冲击	○1.4	○1.5	○1.7
严重冲击	○1.8	○1.9	○2.1

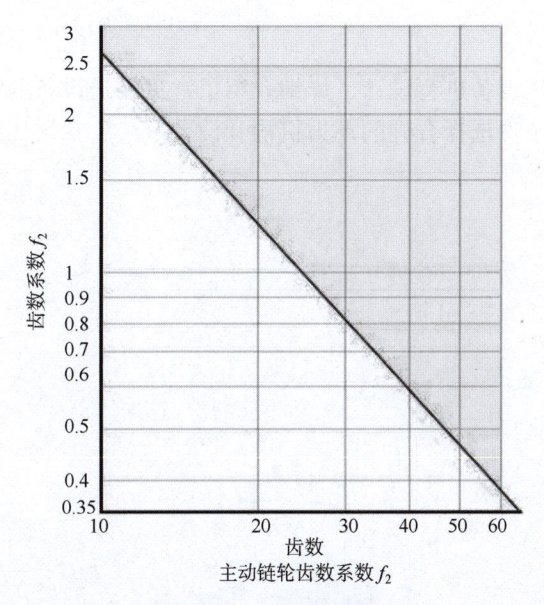

图 4-52 齿数系数 f_2

计算出来的 p_c（见图 4-53）选择 08A 的链条即可。需要确定链轮之间的中心距，暂定中心距为 350 mm，链条的长度选择 1 m。滚筒和滚筒之间的齿数是一样的，根据上面的方法选用 08A 的链条即可。

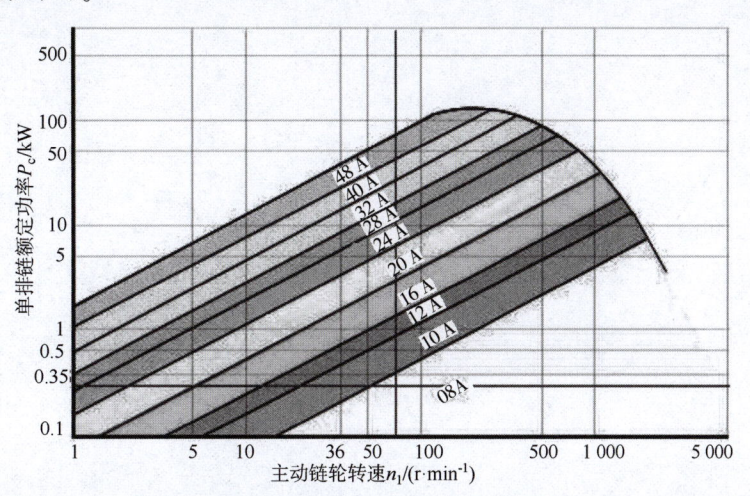

图 4-53 滚子链功率和转速表格

注：1. 双排链的额定功率可以用单排链的 P_c 的 1.75 倍计算得到。

2. 三排链的额定功率可以用单排链的 P_c 的 2.5 倍计算得到，选择《传动用短节距精密滚子链、套筒链、附件和链轮》（GB/T 1243—2024）系列滚子链的典型承载能力图标。

确定链条后对框架进行设计。框架可以通过铝型材连接而成或者用方通焊接而成。这里使用方通焊接来制作，方通的尺寸为 40 mm×40 mm×1.5 mm，驱动端的框架需要焊接电机固定底板，用来固定电机。另一端框架结构和驱动端相比少了一个电机支撑板。再根据排列好的滚筒的间隔来设计两块滚筒安装板，安装板的作用是固定滚筒。

模块总结

本模块主要是对输送设备进行设计，详细介绍了常见输送设备的结构，原理以及设计思路和方法，根据已知的条件选择合理的动力机构和设备。

模块 5

工业机器人工具快换装置设计与建模

模块描述

本模块主要对工业机器人快换工具的结构、应用以及控制进行介绍，从常见的工具快换装置来分析原理和结构，并对控制气路进行讲解，对气路控制中回路所用到的控制阀等标准件也做了详细的说明。

学习目标

了解工具快换装置的原理和功用，通过实际案例，掌握快换工具的选型和应用，培养学生的动手操作能力，学会不同劳动工具的用法，学会快速更换不同劳动工具的方法，提高操作技能，改进和创新劳动工具应用方式、提升劳动效率。

5.1 工具快换装置介绍

机器人工具快换装置，又称工具快换盘、换枪盘、快换工具盘、快速更换器、快换器、快换夹具、治具快换等，它是工业机器人行业应用在末端执行器上的一种柔性连接工具。

工业机器人工具快换装置是高性能工业机器人系统中主要的组成部分，能够使机器人充分发挥性能，完成多种作业，提高机器人的性价比。

（1）作用。机器人工具快换装置使单个机器人能够在制造和装配过程中交换使用不同的末端执行器以增加其应用柔性，被广泛应用于自动点焊、弧焊、材料抓举、冲压、检测、卷边、装配、材料去除、毛刺清理（打磨）、包装等操作，具有加快生产线更换速度、降低停工时间等多种优势。

（2）工作原理。工业机器人工具快换盘分为机器人侧（master side）和工具侧（tool side），机器人侧安装在机器人前端手臂上，工具侧安装在执行工具上（工具是焊钳、抓手等），工具快换装置能快捷地使机器人侧与执行工具相通。工具快换装置能够让不同的介质，如气体、电信号、液体、视频、超声等从机器人手臂连通到末端执行器。根据用户的实际情况，一个机器人侧可以与多个工具侧配合使用，以增加机器人生产线的应用柔性、提高机器人生产线的效率并降低生产成本。

在行业内，目前全球主流的机械锁紧机构有如下几种。

（1）钢珠加弹簧自复位式锁紧机构，如图5-1所示，整套锁紧机构主要由大推力弹簧、活塞、钢珠、凸轮组成。其工作原理是：活塞与凸轮连接，在压缩空气和弹簧的作用下推动钢珠完成锁紧；松开时活塞带动凸轮退回，此时钢珠收回；当锁紧机构意外掉气时，钢球在末端工具的重力作用下会由锁紧平台移动至安全平台，此时在大推力弹簧推力与工具重力的作用下实现钢珠对凸轮的抱死，安全平台和大推力弹簧的双重保险锁紧机构在系统意外掉气时有着较高的安全性。

图5-1 钢珠加弹簧自复位式锁紧机构

（2）钢珠无弹簧式锁紧机构，整套锁紧机构由活塞、钢珠、凸轮组成。其工作原理是：活塞与凸轮连接，在压缩空气的作用下推动钢珠完成锁紧；松开时活塞带动凸轮退回，此时钢珠收回；当锁紧机构意外掉气时，钢球在末端工具的重力作用下会由锁紧平台移动至安全平台，此时在工具重力的作用下实现钢珠对凸轮的抱死。安全平台设置的锁紧机构在意外掉气时提供了基本的安全保护。

（3）卡爪式锁紧机构，如图5-2所示，整套锁紧机构主要由活塞、弹簧卡爪、凸轮组成。其工作原理是：活塞与凸轮连接，在压缩空气的作用下带动卡爪完成锁紧；松开时活塞带动凸轮收回卡爪；当锁紧机构意外掉气时，凸轮在弹簧力的作用下保持顶出，依靠弹簧力保护的锁紧机构在意外掉气时提供了基本的安全保护。

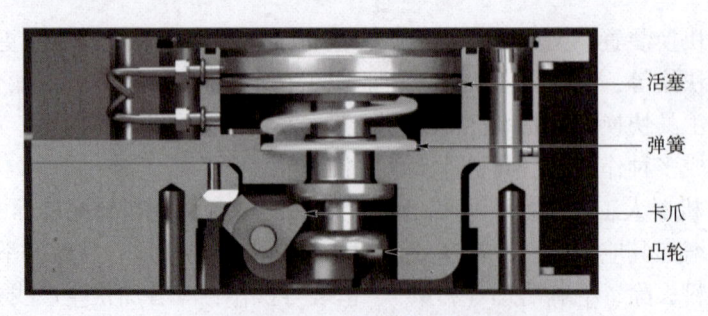

图5-2 卡爪式锁紧机构

从上述机械结构分析可知，快换盘锁紧机构的动力主要源于内部的气缸，因此对于安全性来说，只要实现对气缸松开气源的控制，就可以防止意外解锁的发生。接下来，从快换盘的外部控制单元看如何实现双重安全保障。

目前行业常用的控制方式有以下几种。

（1）单阀直接控制方式，如图5-3所示，这是最简单的控制方式，无额外的安全防护措施，由可编程逻辑控制器（programmable logic controller，PLC）或机器人信号直接控制，其优点是控制简单；缺点是无额外安全措施，任何位置、任何时间均可以用外部指令解锁。

（2）单阀安全控制方式，如图5-4所示，PLC或机器人信号需要经过安全电路检测，通过指定安全位置时才可以解锁。其优点是控制简单，增加了额外安全措施；其缺点是安全电路单一，安全等级不足。

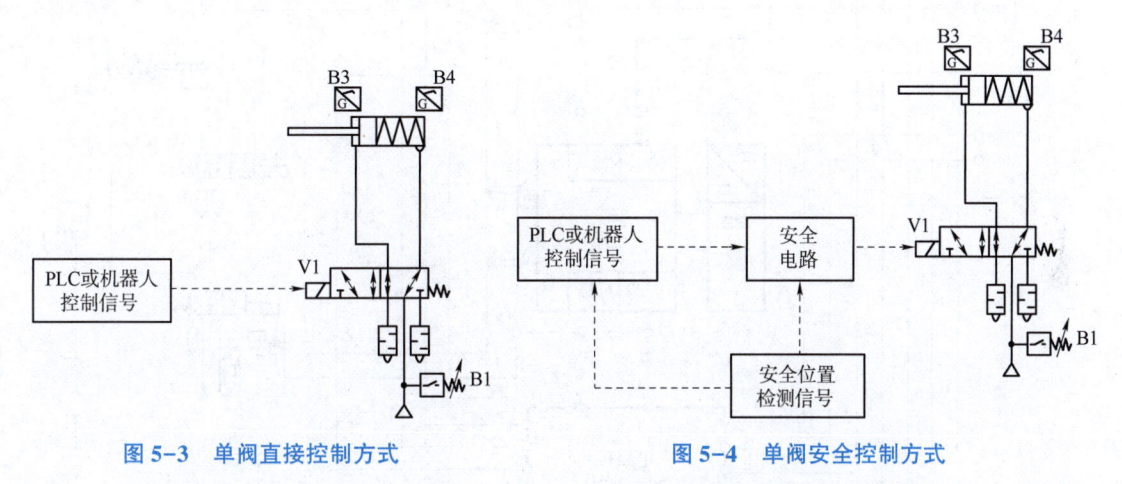

图5-3 单阀直接控制方式

图5-4 单阀安全控制方式

（3）双阀控制方式，如图5-5所示，使用两个电磁阀实现安全控制，安全位置检测信号增加为双重检测，其优点是有安全保护回路，使用了更加可靠的安全开关和两个电磁阀，使安全气路更加可靠；缺点是主气路依然是单个阀，没有实现真正的安全冗余。

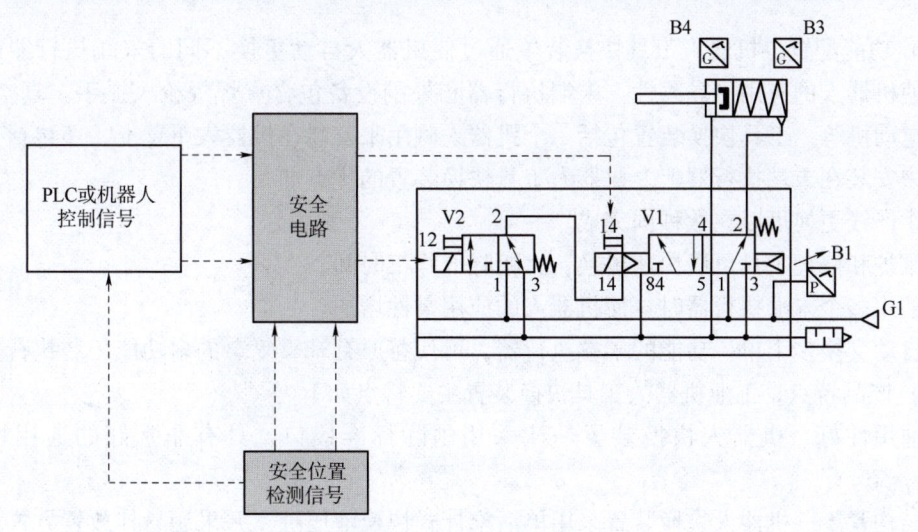

图5-5 双阀控制方式

（4）PLd级双阀控制方式，如图5-6所示，使用两个更高可靠性的安全电磁阀，不仅安全位置增加为双重检测，还对快换运行状态及电磁阀的运行状态实时诊断，当检测到故障时，可快换自动报警并保持安全锁紧状态。其优点是安全保护回路增加了状态监控，使用了更加可靠的电磁阀，主气路使用了两个电磁阀，安全气路真正实现冗余，整体可达PLd；缺点是价格较高。

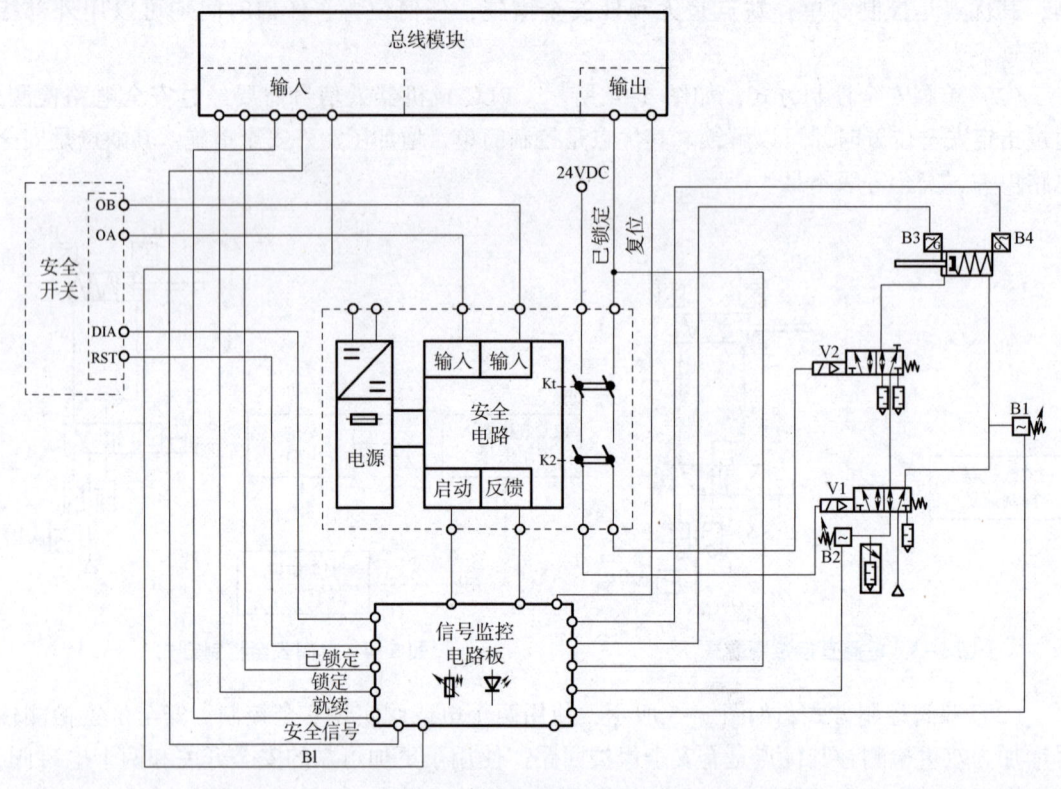

图 5-6　PLd 级双阀控制方式

（5）功能配置。机器人工具快换装置通过使机器人自动更换不同的末端执行器或外围设备，使机器人的应用更具柔性。末端执行器和外围设备包含点焊焊枪、抓手、真空工具、气动和电动机等。工具快换装置包括一个机器人侧用来安装在机器人手臂上，还包括一个工具侧用来安装在末端执行器上。机器人工具快换装置的优点如下。

①生产线更换可以在数秒内完成。

②维护和修理工具可以快速更换，大幅降低停工时间。

③使用多个末端执行器时，使机器人的应用柔性增加。

④自动交换多个单一功能的末端执行器，可代替原有笨重复杂的多功能工装执行器。

（6）产品特点。工业机器人工具快换装置主要特点如下。

①通用性好。机器人快换装置一律采用国际标准接口，具有非常好的通用性和匹配性。

②结构紧凑。机器人快换装置采用单活塞杆式快换液压缸，并采用悬挂放置方式，保证了其在快换架上安装的同轴性。另外，单活塞杆式结构使活塞有更长的运动行程，保证了连接销的伸出长度。

③可靠性高。机器人快换装置可以对液压缸和连接销提供支撑，同时对快换装置的伸缩过程起导向作用，从而进一步提高快换装置的可靠性。

5.2 产品选型方法

快换装置品类繁多,标准不一,下面以博泽科技有限公司生产的快换装置为例来介绍选型方法。

5.2.1 产品选型步骤

1. 尺寸选择

(1) 简单尺寸测定。如果更换系统承受的力和力矩非常小,可以根据最大有效载荷选择工具快换装置。选择工具快换装置的最大负载应大于机器人的有效负载。如果末端工具受到的力矩变化比较大,则需要计算其力矩值,根据力矩的大小进行选择。

(2) 力矩计算方法。选择正确的工具快换装置取决于系统承受的力矩载荷。
按以下步骤计算最大力矩。
①确定最重工具(夹持器、转接板和工具)的重心和质量(m,单位为 kg)。
②确定从重心到快速更换工具快换盘下侧的垂直距离(D,单位为 m)。
③计算静力矩($m×D$)
④选择允许力矩等于或大于计算力矩的工具快换装置。机器人的移动也会对末端工具产生影响。动态力矩比静态力矩大 2~3 倍。

2. 气路、电路及水路

①根据客户的现场实际需要,确定气路/电路组数。②根据用气流量、用电负荷及是否有其他的特殊需求(冷却水等),再确定气路管径大小,电气回路组数,用电负荷。如果有冷却需求,还要确定水路组数及流量。③确定气动和电动进给的数量和尺寸,同时确定是否需要冷却水路等特殊情况。

3. 温度和化学品

快换装置上的丁腈密封可以确保最佳的空气供给。丁腈橡胶 O 形圈对密封活塞室非常有效。这两种材料都耐多种化学物质,适用于 5~60 ℃ 的温度。

4. 特殊环境下的工具快换装置

机器人的工作环境(场所)如果是高温、高湿或场所属于移动状态(移动机器人所使用),在选型时与公司技术人员沟通,所选择的产品可能需要定制,或在通用的产品上增加新的功能模块。

5. 传感器接线说明及电磁阀的使用

位置开关接线说明:三线制接近开关的接线方式分 PNP 和 NPN 两种接线方式,传感器的三条线分别为红(棕)、蓝、黑,红(棕)线接电源正端、蓝线接电源 0 V(负)端,黑色为信号输出。

图 5-7 和图 5-8 所示为两种不同输入接线图（接近开关）。

两线制磁性开关的接线方式，与两线制接近开关基本一致。磁性开关（两线：棕色、蓝色）：用于主盘气缸的锁紧、松开信号确认。接近开关（两线：棕色、蓝色）：用于确认主盘与工具盘的连接信号，设置在主盘上。当主盘与工具盘锁紧时，会有这个信号。

图 5-9 和图 5-10 所示为两种不同输出接线图（磁性开关）。

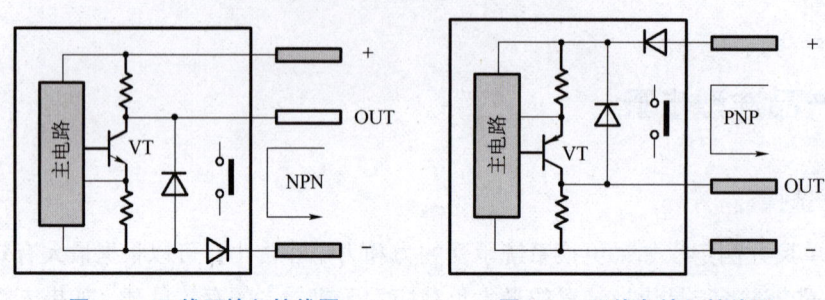

图 5-7 三线正输入接线图　　　图 5-8 三线负输入接线图

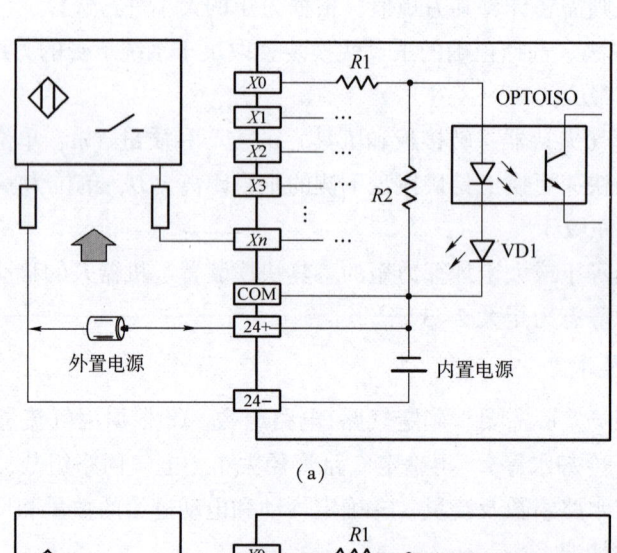

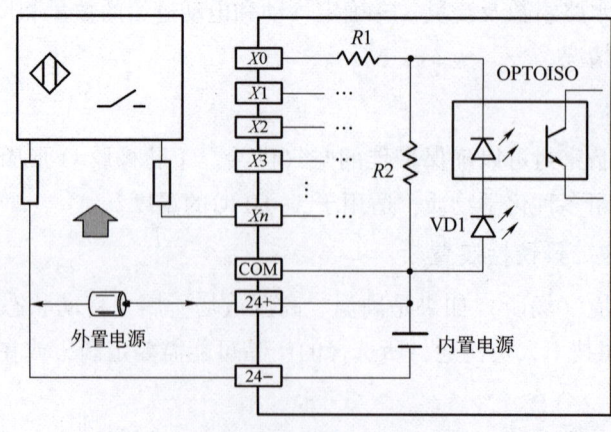

(a)

(b)

图 5-9 二线负输出接线图

(a) PNP 型；(b) NPN 型

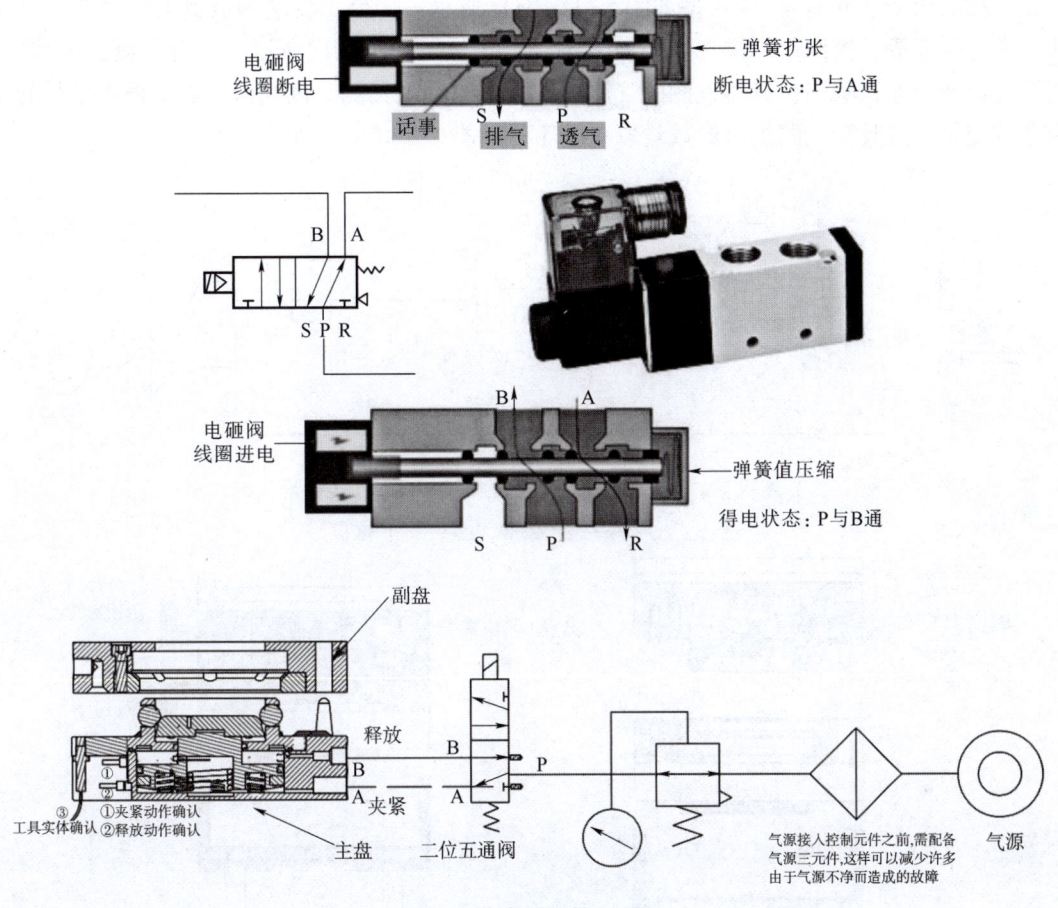

图 5-10 电磁阀控制原理

6. 确认规格（选型）

根据机器人工作过程中负荷（产品与工具）的姿态计算其力矩与转矩，确定工具快换装置的负荷。

7. 主盘、副盘的供气说明

工具快换装置自身的气回路有两种：第一种是主、副盘锁紧、松开控制回路（A 口、B 口）；第二种是通过主盘传递给工具，用于工具控制的回路。

（1）工具快换装置的主盘设有内置机械自锁功能（保持用弹簧），即使因停电等原因，供给气压变为零，也可以通过机械式自锁功能有效防止工具的掉落，安全性很高。控制电磁阀建议使用二位五通电磁阀（也可用三位五通-中封）；二位五通阀在断气的情况下最好不要工作；使用二位五通阀时，气管连接配管应选择在不得电状态下向夹紧用气口（A 口）侧供气。如果在电磁阀停电的状态下向释放口（B 口）侧供气，则会导致工具（机械手）掉落，非常危险（见图 5-11）。

（2）传递给工具的供气口说明。

供气口的自动接头模式有两种选择：一种是常规型的开放型；另一种是附带单向阀的。区别在于，开放型的是直通接口，控制阀需要放在主盘端；如果工具端为气缸类的夹具、抓手等，控制用三位五通阀-中封型如图 5-11（a）所示；如果工具端为吸盘类的抓具、气动马达类的打磨等，控制用二位二通阀如图 5-11（a）左图圆圈内所示；主盘与副盘连接时，其供气口处于连接状态，机器人侧的气压可直接供给到工具侧。供气口的数量根据型号的不同会有变化。工具端气路供口的数量取决于工具的类型。

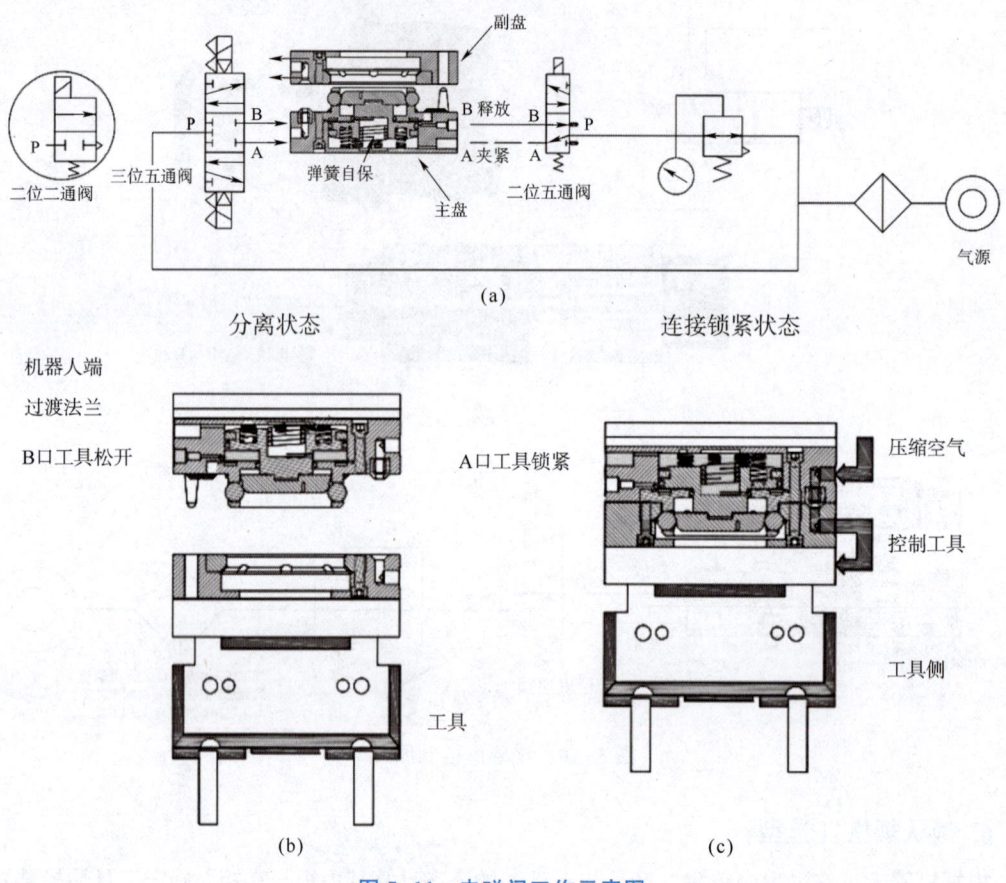

图 5-11　电磁阀工作示意图

8. 电极说明

（1）使用环境。严禁在有水蒸气、液体、化学试剂以及易爆性、腐蚀性气体的空气氛围内使用本产品。在切削粉、切削油、粉尘、焊渣等飞溅的环境下使用时可能会导致电极导通不良等故障。

针对有水蒸气、液体、切削油等飞溅环境，可以根据客户的具体情况定制防水电极。

（2）快换装置连接、脱离时电极的通电情况。在通电状态下机器人工具快换装置进行连接、脱离时，电极之间会发生放电（两个有电压的金属相隔一定距离有时会产生火花）现象（闪火花现象）。由于放电导致电极触针前端以及电极棒的前端会有烧损或熔化，镀金的氧化或磨耗可能会使金属质地熔化，造成导通不良。因此，机器人工具快换装置连接、脱离时，原则上需要在切断电源的状态下进行（针对负载比较大的情况）。当负荷超出额定电流的 60% 且连续通电时，为提升电极触针耐久性推荐多个电极触针并列使用。

(3) 机器人工具快换装置以横向姿势连接、脱离时，需要避免其承受过大的力矩。选定机器人工具快换装置时，需要根据负载质量充分留出设计余量。连接动作时，避免产生工具侧超出容许位置误差范围的翘起或倾斜。工具放置台不要完全固定，保证容许位置误差范围以内的浮动量（间隙）。如果无容许位置误差范围以内的浮动量（间隙），有可能影响其定位精度。

(4) 传感器的功能及连接。主盘设置三个（负荷 50 kg 及以上规格）传感器，如图 5-12 所示。传感器①、传感器②为磁性传感器，用于确认夹紧、释放动作；③为接近开关，用于确认工具快换装置实体。

传感器与系统的连接：控制系统为正输出（PNP 型），传感器的棕色线接 DC 24 V 的 24 V，蓝色线接相应的输出线。控制系统为负输出（NPN 型），传感器的蓝色线接 DC 24 V 的 0 V，棕色线接相应的输出线。三个传感器的电源端可以并在一起接到电源端。

(5) 机器人工具快换装置工具识别。机器人在自动化生产过程中，有些工具相似度比较高，在设计时需要通过电信号进行识别，识别的方法为二进制编组。主盘与副盘在自动锁紧连接的同时，用电信号识别工具，比如，在某工作过程中，需要用到多个工具快换装置，在主盘的电气碰针中确定 1 号针为电源（即 DC 24 V PNP 型，如果是 NPN 型，就设定为 DC 0 V），将 2 号、3 号、4 号针分别定义为工具 1、工具 2 和工具 3；将工具快换装置的对应电信号碰针分别连接，工具 1 为 1 号电针与 2 号电针短接，工具 2 为 1 号电针与 3 号电针短接，工具 3 为 1 号电针与 4 号电针短接；这样，送出去的信号让系统识别，即使工具没有按照预先设置的位置摆放，也不会出错。用这样的方法，既简单方便，又容易理解。

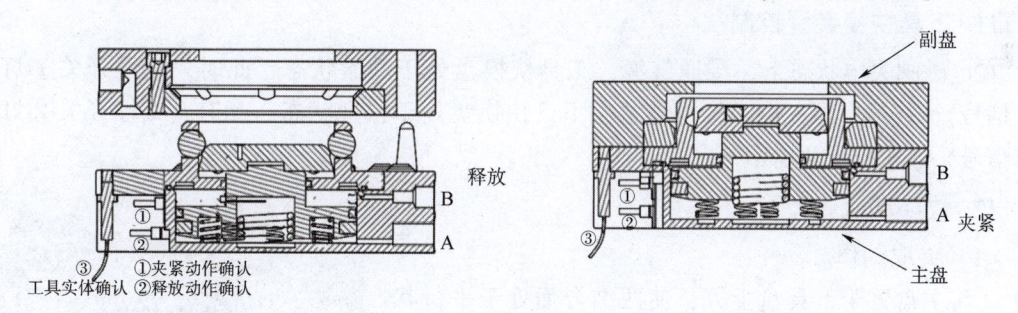

图 5-12 传感器工作示意

9. 主盘（机器人侧）安装

先将圆柱销安装在主盘背面的销孔内，再把过渡法兰装到机器人侧（根据机器人上的法兰孔确定）对应的内六角圆头螺钉锁紧。机器人与过渡法兰连接时也有定位销，注意不要漏装。接下来再将主盘与法兰盘对接安装，如图 5-13 所示。

要点：①定位销用圆柱销；②不同品牌、不同型号的机器人法兰安装方式及安装孔的位置是不同的，需要增加过渡法兰，小负荷的法兰材料可以是铝合金，负荷大于 100 kg 的法兰材料建议用 45 钢。

10. 主盘（机器人侧）附件详解

(1) 电气模块。电缆线上有编号，主盘与副盘上的编号是一一对应的。

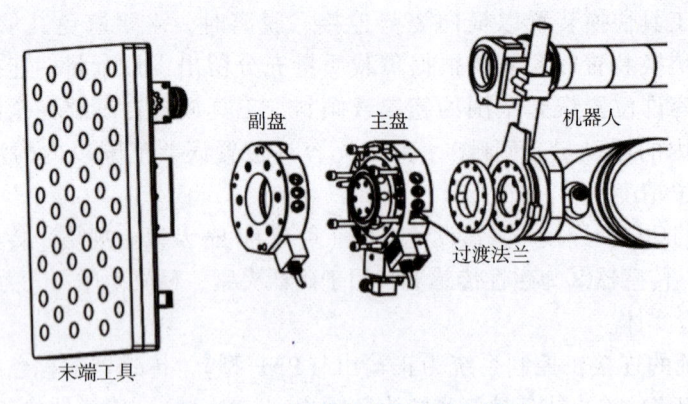

图 5-13 工具快换装置安装示意图

（2）气源接入口，正常工作压力 4~7 bar①，接入之前，需经气源处理（稳压、除水、油雾气源三联件）。

（3）模块安装。根据实际需要，可以增加气路模块或电路模块（标准模块）。

（4）导向销。用于定位、端部倒角使配合容易安装。使用过程中，需要用黄油涂抹薄薄的一层，注意不要抹太多，不然容易沾灰尘。

（5）气路接口。主盘与副盘上的气路接口是独立的一对一接口。

（6）装卸副盘确认传感器为二线接近开关。

（7）副盘动作确认传感器为二线磁性开关。

11. 工具快换装置控制

在电磁阀失电状态下，接通气源，工具快换盘处于锁紧状态，此时，磁性开关①灯亮（有信号）。接通气源，电磁阀得电状态下，快换盘处于松开状态，此时，磁性开关②灯亮（有信号），如图 5-14 所示。

12. 快换调试

（1）夹取动作。

①将主盘置于工具盘上方，使两结合面处于平行状态，确保模块安装位置一致，电磁阀得电，磁性开关②灯亮，锁紧钢珠缩回。

②调整好主盘位置，使导向销对准工具快换装置上的定位孔，此时主盘锁紧机构同时进入工具盘内侧的钢圈内，下降主盘至两结合面距离为 1~2 mm 处停留。

③电磁阀失电，主盘的锁紧缸锁紧工具盘，此时，磁性开关①灯亮。同时，接近开关也灯亮。

说明主盘与工具盘已锁好。

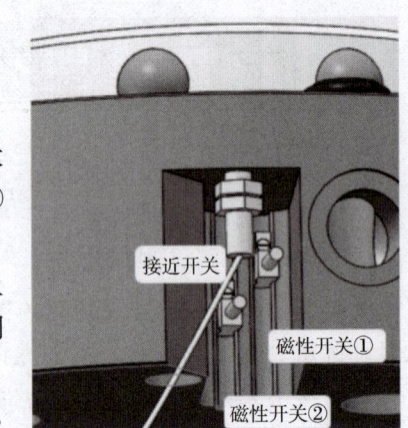

图 5-14 磁性开关工作示意图

（2）卸载动作。

①在锁紧状态下，机器人运动到工具架上方，缓慢下降至距停放支架 1~2mm 处停止。

---

① 1 bar = 0.1 MPa。

②电磁阀得电，此时压缩空气进入松开缸，使主盘与工具盘分离。此时，接近开关灯灭，磁性开关②灯亮，磁性开关①灯灭。

③将主盘升起到完全脱离状态，确保此时移动主盘与工具盘不会碰撞。

5.2.2　工具快换装置安全使用说明

1. 选型

选择工具快换装置应考虑其载荷和抗力矩值，行业内公认最重要的是抗力矩值，这在冲压环节中机器人自动更换端拾器最为突出，机器人使用工具快换装置锁紧执行工具，执行工具的力臂乘以重力会产生静态力矩（抗力矩值以静态抗力矩为准），以一定加速度移动时，会产生动态力矩，如果锁紧机构抗力矩值小，工具快换装置主盘与副盘之间会形成张角，这将影响水、电、气、总线等介质的连接，严重的还会有工具脱落的风险。因此，选型从以下几个方面考虑。

（1）首先要考虑的是工业机器人本身的负荷，生产线上完成工艺内容的最大负荷应小于机器人的负荷。工具快换装置的负荷要考虑工艺过程中的工具、产品的质量及不同姿态下的最大力矩（计算静态抗力矩值）。

（2）要考虑需要完成几种任务（一个主盘配几个副盘）。

（3）考虑完成各项任务时工具端需要的介质、回路数，以确定模块的种类及回路数。

（4）考虑工具端的电源、电信号种类及回路数，以确定电源接点负荷的大小、电信号的类型、回路数等。

完成以上计算和测试，对照博泽产品样册，就可以确定合适的工具快换装置。

2. 控制阀选型

工具快换装置主盘集成了气动锁紧机构，提供压缩气体给锁紧机构，压缩气体驱动主盘活塞推动凸台，将滚珠向外运动至对应工具侧的锁紧法兰位置，实现工具快换装置主盘与工具盘的锁紧；

控制元件采用二位四通、二位五通或三位五通气体电磁阀控制压缩气体。电磁阀的安装有两种方式：一种是安装在工具快换装置本体以外的位置；另一种是集成在工具快换装置主盘上（适合大负荷工具快换装置200 kg以上）。

下面介绍两种常用的电磁阀。

（1）二位五通电磁阀，分为单电控和双电控（即单线圈和双线圈）两种。

所谓"位"指的是为了改变气体方向，阀芯相对于阀体所处的工作位置。"通"的含义则指换向阀与系统相连的通口，有几个通口即几通。只有两个工作位置，且具有供气口P、工作口A、工作口B、排气口R、排气口S五个通口，故为二位五通阀。

①二位五通单线圈电磁阀工作原理如下。

a）原始状态（不通电时）进气口进气，进气口P与工作口A相通，此时A口处于工作状态，如图5-15（a）所示。

b）通电后，线圈得电，电磁阀换向，此时P口与B相通，A口排气，如图5-15（b）所示。

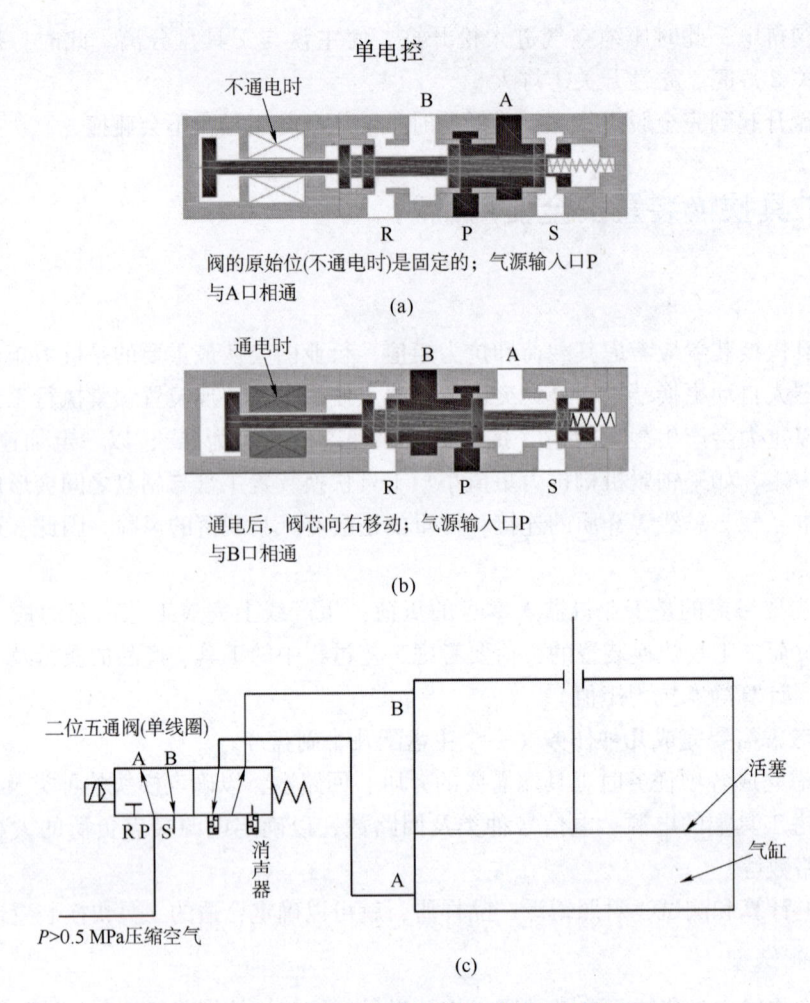

图 5-15 二位五通单线圈电磁阀工作原理
(a) 初始状态工作示意；(b) 通电后工作示意；(c) 工作示意图

② 二位五通双线圈电磁阀工作原理。

双电控电磁阀有两个线圈，其与单电控电磁阀的区别在于，在无电控信号时，单电控电磁阀阀芯在弹簧力的作用下会被复位，而双电控电磁阀在两端都无电控信号时，阀芯的位置取决于前一个电控信号。

如图 5-16 所示为二位五通双线圈电磁阀的工作原理。

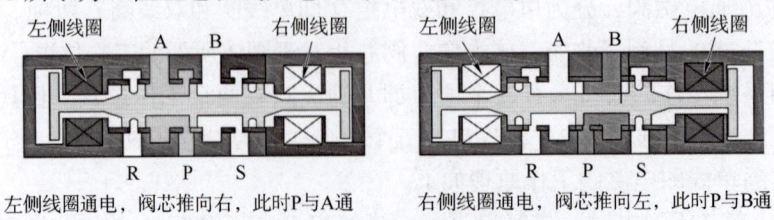

图 5-16 二位五通双线圈电磁阀工作原理

（2）三位五通电磁阀工作原理

三位五通指三个工作位置，五个通口。三位是指电磁阀的阀芯有三个工作位置。五通就是指五个口，一个进气口，两个气缸口，两个排气口。三位电磁阀都有两个线圈，称为A线圈和B线圈。线圈都不通电的时候阀芯处于一个位置，A线圈通电时阀芯会运动至第二个位置，A线圈断电，B线圈通电的时候阀芯运动至第三个位置（见图5-17）。三位五通电磁阀有三种类型，在A线圈和B线圈都不通电的时候，阀芯的状态分别称为中封，中泄和中压。

三位五通电磁阀三种类型的特点如下。

①中封。在两个线圈都不通电的情况下，气缸前腔和后腔的压力保持在最后一个线圈失电后的状态不变，气口关闭，中封用于保压回路。

②中泄。在两个线圈都不通电的情况下，气缸前腔和后腔都无压力，进气口关闭，气缸前后腔内的压力分别经电磁阀两个排气口排出，中泄用于泄荷回路。

③中压。在两个线圈都不通电的情况下，气缸前腔和后腔的压力保持在最后一个线圈失电后的状态不变，并持续给压，使气缸前腔和后腔压力与进气端压力一致，进气口打开，排气口关闭。中压用于调压回路。

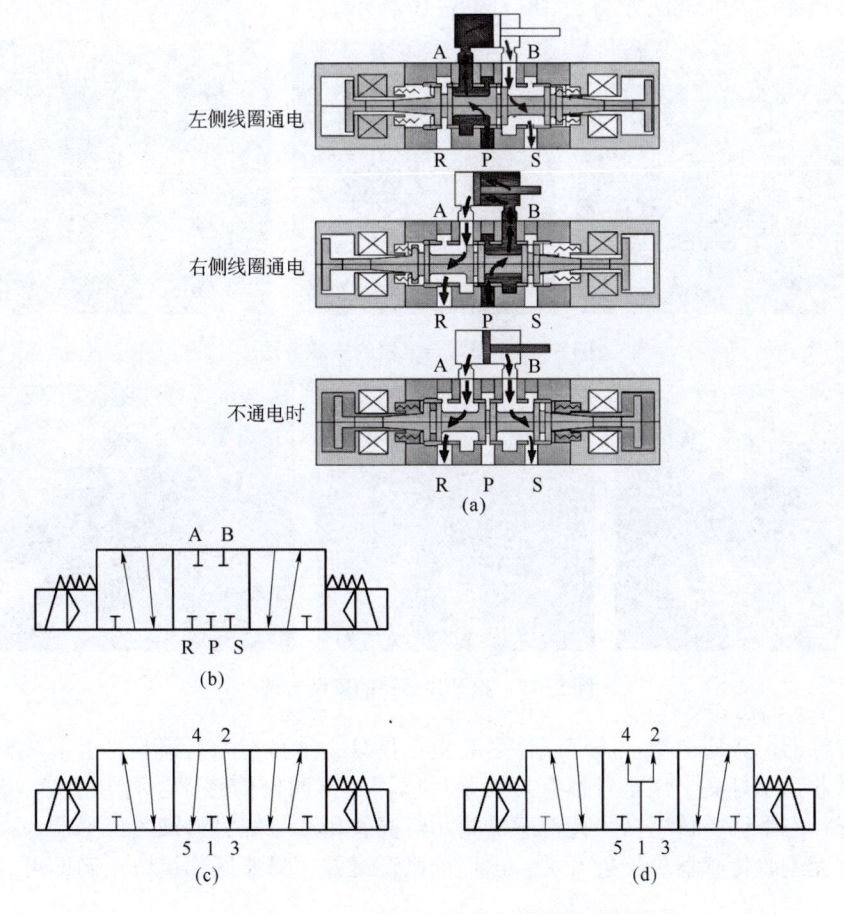

图 5-17 三位五通电磁阀工作原理示意

（a）三位五通电磁阀工作示意；（b）中封型三位五通电磁阀；
（c）中泄型三位五通电磁阀；（d）中压型三位五通电磁阀

3. 工具端气路控制

工具快换装置传递给工具端的气路有两种形式：一种是主盘、副盘上的气路都是开放形式,当主盘和副盘分开后,气口是开放的,因此,控制阀通常采用二位二通或三位五通(中封型),且安装在主盘侧;另一种是主盘、副盘上的气路都带自闭阀,只有主盘和副盘合上锁紧时,气口才打开(和控制水路类似)。

4. 工具识别控制

由于生产线上一台机器人的一个主盘,对应使用多个不同的工具,因此,让机器人系统进行工具识别很有必要。识别方法为根据副盘数量,采用二进制方式,在主盘电路模块上预留适当的电回路,并确定其中一根为电源。与之对应的,在副盘电路模块,一个副盘接一路,将预留的电回路分别与电源短接。

5. 传感器信号调整

博泽科技的产品上有两个或三个传感器信号,负载 30 kg 及以下的工具快换装置有锁紧、松开两个传感器信号,负载 50 kg 及以上的工具快换装置有锁紧、松开及有无副盘三个传感器信号。

两个传感器的安装方法如图 5-18,图 5-19 所示。

图 5-18 锁紧传感器的安装方法

图 5-19 松开传感器的安装方法

调试传感器。接通电源、压缩气体后装上工具盘,主盘与副盘锁紧,上下调整锁紧传感器,待传感器指示灯亮,用小号螺钉刀锁紧传感器;再调松传感器,打开主盘,取走副盘,在主盘松开状态下调整传感器,待传感器指示灯亮,用小号螺钉刀锁紧传感器。

检测有无副盘传感器为接近开关,出厂前已调试好,只要尾部接法正确即可。

5.2.3 产品选型说明示例

1. 工具快换装置选型型号说明

$$\underset{1}{\text{BZ}}-\underset{2}{\text{KHP}}-\underset{3}{\text{100}}-\underset{4}{\text{A}}-\underset{5}{\text{19}}-\underset{6}{\text{M/T}}$$

代码说明如下。

（1）BZ 为公司品牌标志。

（2）KHP 为产品名称快换盘缩写。

（3）100 为额定负载。目前公司有 3 kg/6 kg/10 kg/20 kg/30 kg/50 kg/100 kg/120 kg/160 kg/200 kg/300 kg/450 kg/600 kg/800 kg/1.5 t/2.2 t/3 t 等规格。

（4）A 为版本型号。

（5）19 为电路信号芯数。

（6）M/T 为产品组成：M 为主盘（机器人端）、T 为副盘（工具端）。

注意：标配电模块为出线形式（主盘出线 2 m（2 A），副盘出线 1 m（2 A）），如有特殊需求可定制。

表 5-1 所示为工具快换装置的选型。

表 5-1 工具快换装置的选型

适配主体	信号数量/额定电流	示意图（展示仅为部分模块）
3 kg/ 6 kg/ 10 kg	9 针或 12 针或 20 针等 （2A）	
20 kg/ 30 kg/ 50 kg	16 针或 24 针或 32 针等 （2A） 高频模块 组合模块 模块均可非标 大电流请提前告知	
100 kg/ 120 kg/ 160 kg/ 200 kg/ 300 kg/ 450 kg/ 600 kg/ 800 kg/ 1.5 t/ 2.2 t/ 3 t	4 针或 12 针或 16 针或 19 针或 24 针或 32 针等 （2A） 通信模块 伺服模块 气路模块 水路模块 焊接模块 组合模块 模块均可非标 大电流请提前告知	

图 5-20 所示为型号 BZ-KHP-3-A/B 示意图，其技术参数如表 5-2 所示。

型号BZ-KHP-3-A/B(有效负载3 kg)

图 5-20　BZ-KHP-3-A/B

注：A 款和 B 款的区别为主副盘厚度不一样，都可以通用。

表 5-2　BZ-KHP-3-A/B 的技术参数

参数名称	规格	参数名称	规格
静力矩 M_x、M_y	13.6 N·m	气路出口	(M5-04)×4
静力矩 M_z	18.4 N·m	电信号	(可选9针或12针) 2 A
锁紧力（6 bar）/N	753 N	装卸动作确认	2 个磁性开关
位置重复精度	±0.025	装卸实物确认	无
本体质量/kg	主：0.17 副：0.16	标准品型号	主盘： BZ-KHP-3-A 或 B-9 或 12-M 标准尾部出线 2 m 副盘： BZ-KHP-3-A 或 B-9 或 12-T 标准尾部出线 1 m 注：9 或 12 为电信号针数，选择您需要的针数填写即可，如不需要电信号则不填写。 详细尺寸图可参考 3D、2D 图
工作驱动压力	5.5~7 bar		
工作环境	5~60 ℃ （无结露现象）		

KHP-3-B 安装尺寸和模型效果图分别如图 5-21、图 5-22 所示。

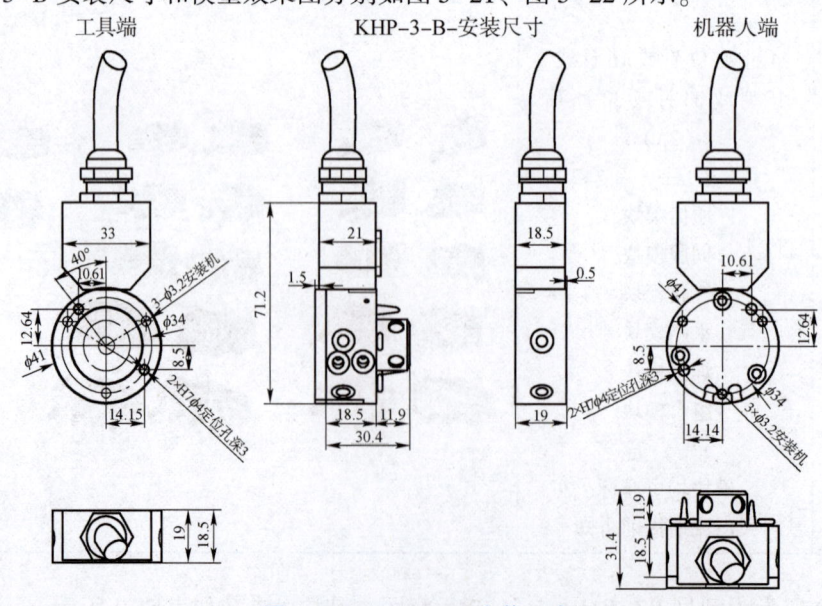

图 5-21　KHP-3-B 安装尺寸

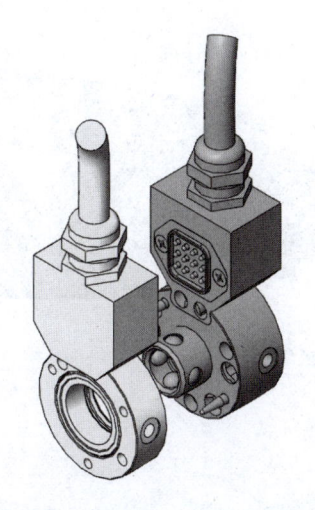

图 5-22　KHP-3-B 模型效果图

工具快换装置规格型号众多，具体参数可以通过各公司选型手册获取，此处不再一一列举。

5.3　工具快换装置应用案例

下面通过案例，来详细了解工具快换装置的应用场景。工具快换装置分机器人侧（主盘）和工具侧（副盘），主盘安装到机器人法兰上，通常一台机器人安装一个主盘，而副盘可以有一个或者多个，视末端工具多少而定。

由于机器人品牌众多，单一品牌规格型号也多，末端法兰的尺寸不一致，而主盘是标准件，因此主盘选定后，并不能直接安装到机器人法兰上，需要通过转接盘安装，由于固定螺钉孔位置干涉，有时需要两次转接才能实现，如图 5-23 所示。

快换盘副盘安装末端应用工具，如真空吸盘、气动夹爪、弹性笔、电批等，如图 5-24 所示。多个工具需要多个安装摆放工位，还需要保持合理的间距，可通过设置工具快换装置安装架来实现。根据末端工具和工作任务来确定工具快换装置安装架工位数量，必要时也可以预留扩展工位。通用工位的末端工具，可以指定摆放位置。

在实际设计建模过程中，由于气管连接和电路接线是柔性的，其建模存在一定难度，且耗费时间，鉴于其特殊性，也为了节约时间，一般会简化处理，建模过程中，气路和电路连接不在模型中体现出来。实际装配后，如图 5-25 所示。

单个副盘通常安装一个末端工具，特殊情况下，也可以安装多个末端工具，如图 5-26 所示。安装多个末端工具，使用时存在局限性，特殊情况下才会采用这种方式。单个副盘安装单一工具，是最为合理的，也是最常见的。

主盘和副盘都选定后，要合理布局相互的位置，方便机器人携主盘去抓取副盘。图 5-27 所示为一个机器人工作站，拥有搬运码垛、分拣、装配、自动拧螺钉、TCP 练习等多种功能，对应设置了多个末端工具，包括真空吸盘、气动夹爪、弹性笔、电批等。

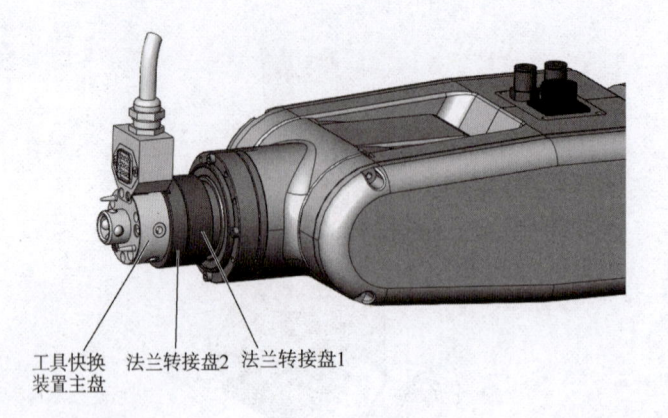

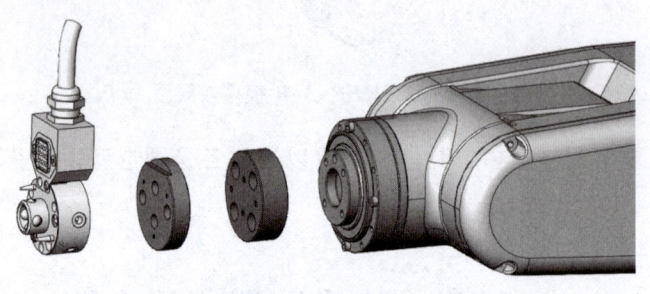

图 5-23　工具快换装置机器人侧安装示意图

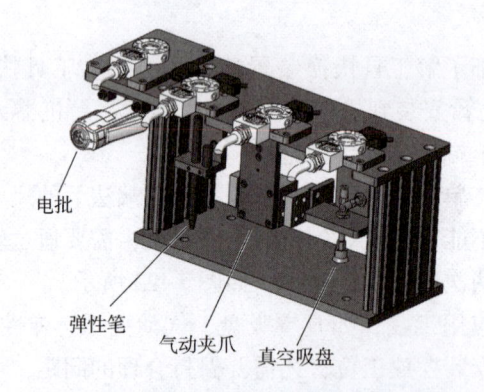

图 5-24　工具快换装置工具侧安装示意图

图 5-25　工具快换装置工具侧安装实物图

图 5-26 工具快换装置侧多工具安装示意图

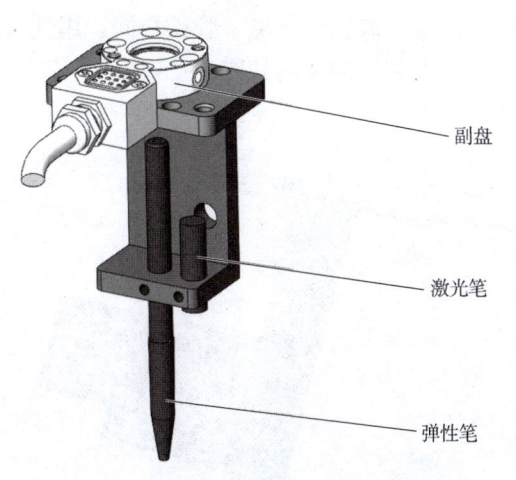

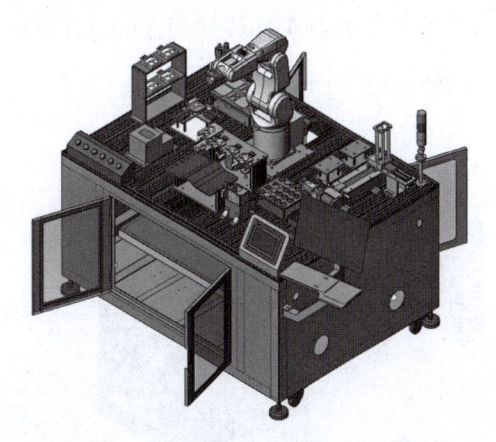

图 5-27 多功能工业机器人工作站示意图

5.4 工具快换装置末端气路和电路应用设计

末端工具有真空吸盘、气动夹爪、气动打磨主轴、弹性笔、激光笔、电批等，每个末端工具是否需要用到气或电以及相应的使用数量，在快换盘选型时就应充分考虑好，以满足要求。

如图 5-28 所示，末端工具为真空吸盘，只需要一路气源，在副盘上选定一路气源安装孔，安装气嘴，管径与真空吸盘气嘴相同，用气管连接起来即可，气管长度和走向要尽量简短。由于此末端工具没有用到电路，因此副盘上面的电路连接部分可以拆除。安装后的实物如图 5-25 所示。

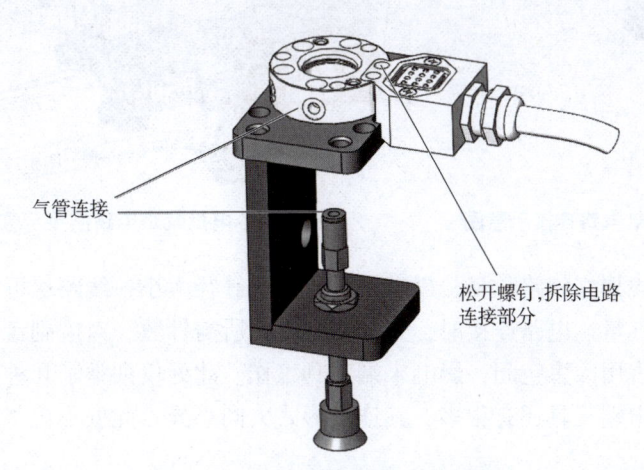

图 5-28 真空吸盘气路连接示意图

图 5-29 所示为气动夹爪。活塞的往复运动需要一进一出两路气路，同时为了检测运动状态，装有两个磁性开关，且需要用到电路。

末端工具为气动夹爪时，要考虑同时用到气路和电路，如图 5-30 所示，在副盘上选定两路气源安装孔，安装两个气嘴，气动夹爪一进一出也安装两个气嘴，管径相同，用气管连接起来。两个磁性开关接线到副盘的电路连接部分。安装后的实物如图5-25所示。

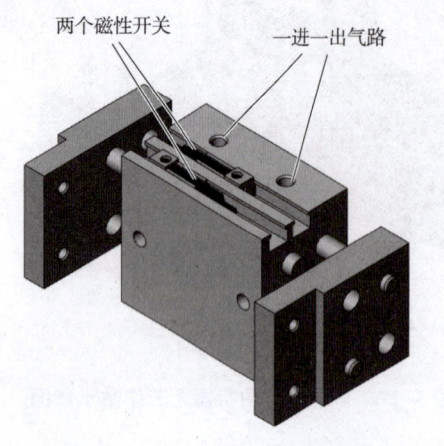

图5-29 气动夹爪结构示意图　　　　图5-30 气动夹爪气路电路连接示意图

如图5-31所示，末端工具为弹性笔和激光笔，其中，弹性笔不需要气路和电路，激光笔则有电路接线，直接将激光笔接线到副盘的电路连接部分即可。安装后的实物如图5-25所示。

如图5-32所示，末端工具为电批，需要用到气路和电路，电批顶端接线到副盘的电路连接部分，同时电批套筒处气嘴接管到副盘。安装后的实物如图5-25所示。

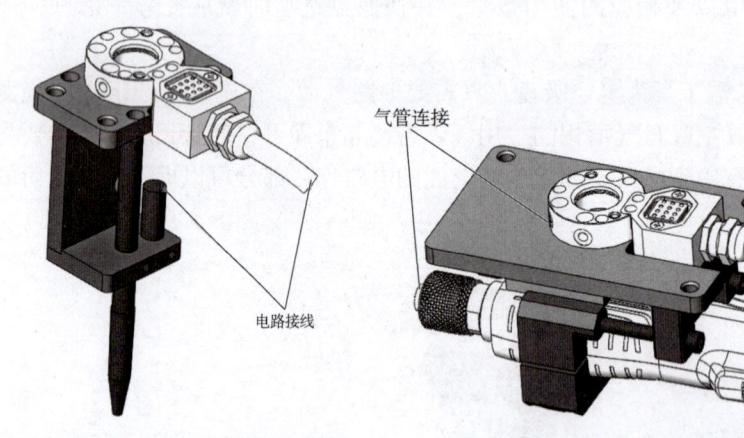

图5-31 激光笔电路连接示意图　　　　图5-32 电批气路电路连接示意图

气路连接时，规划好气路数量，气嘴型号规格，管径大小，线路尽可能紧凑，但不要折转急弯，以免影响气量。电路连接时，充分考虑电路所需针数，对应副盘电路连接，走线要简洁、扎紧，避免占用太多空间，影响末端工具工作。此处仅列举了几种典型末端工具的气路电路连接方法，末端工具还有很多，其连接形式大同小异，此处不再赘述。

模块总结

本模块主要对工具快换装置的结构、工作原理、选型及控制元件进行了详细的介绍，并对工具快换装置在工业机器人工作中的应用进行了举例说明。

模块 6

工业机器人搬运码垛单元设计与建模

🌀 模块描述

本模块主要介绍工业机器人搬运码垛单元中所用到的井式下料、皮带线等结构,并根据其运动方式和工作内容进行设计建模。

🌀 学习目标

通过实际案例学习工业机器人搬运码垛单元的设计与建模方法,掌握搬运码垛的建模,学会自主设计建模,提升学生发现问题、提出问题和解决问题的兴趣和热情,培养学生制订合理解决方案的能力,增强学习设计建模的信心。

工业机器人搬运码垛单元由井式下料单元、传送单元、码垛平台共同组成,下面分别对其进行介绍和设计建模。

6.1 井式下料单元设计

井式下料单元由料仓部分、推顶下料部分、结构支撑部分组成,具体组成因图 6-1 所示。其工作原理是,物料存储在料仓中,由气缸推动最底部的料块向前,直至碰到井式前挡边停止,与此同时,上方物料由于重力下落至井式推料板上,这是推顶的第一个动作。随后,气缸回收,推顶出去的料块因重力下落至下方的皮带线或者其他接驳台,完成物料下料动作,与此同时,料仓中的物料,因为气缸回收,下方空出,在重力作用下会下落至井式底板上,恢复到推料前的状态,至此完成一件物料的出仓下料动作。

井式下料模块建模步骤如下。

(1) 确定物料特征及尺寸。图 6-2 所示为所需井式矩形物料尺寸图。

(2) 确定结构设计方案。先分析物料特征及尺寸,再确定井式下料结构设计方案。矩形物料结构方正适合推顶,尺寸为 60 mm×40 mm×18 mm,选择气缸推顶长边,这样能提高推顶时物料的稳定性,同时可以缩减结构尺寸,缩短推顶距离,减小气缸行程。矩形物料出料仓后落到皮带输送线上,因此落料口需要高过皮带线。

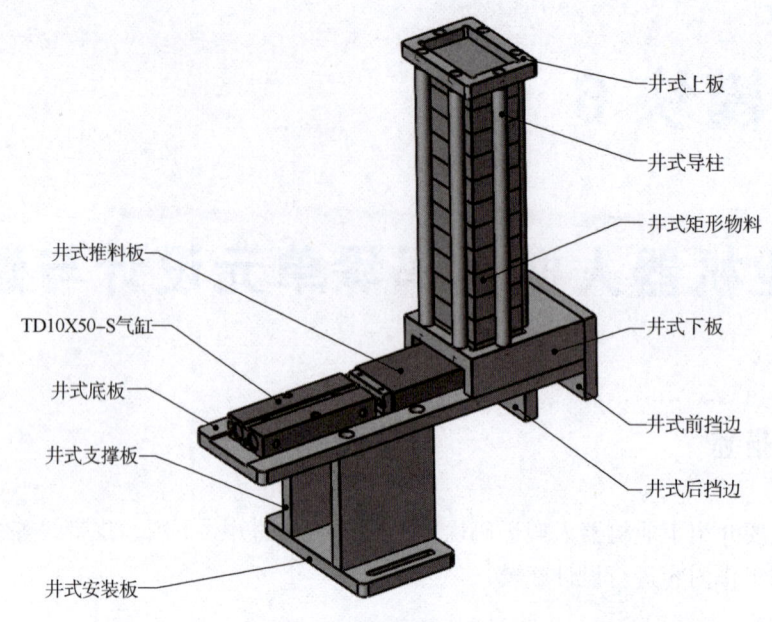

图 6-1　井式下料单元示意图

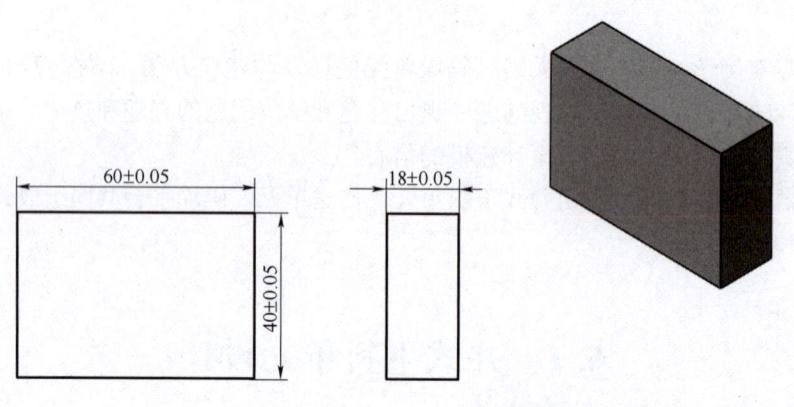

图 6-2　井式矩形物料尺寸模型图

技术要求：
1. 外观平整，无毛刺与划伤；
2. 表面磨砂；
3. 材料为亚克力，红色8件，黄色8件

（3）气缸选型。气缸一般都是标准件，有很多品牌可以选择，常见的品牌 SMC、气立可、亚德客都提供选型软件，可以查找各型号的尺寸规格和技术参数，并能下载 3D 模型，方便进行设计建模。这里选用的是气立可品牌的气缸。为了提升推顶平稳性，选择使用双轴气缸，物料短边尺寸为 40 mm，要推出料仓，气缸行程应大于 40 mm，并且需要留有余量，所以确定行程为 50 mm；物料材料为亚克力，且物料尺寸不是很大，质量较小，推顶所需推力较小，可以选择较小缸径的气缸，这里确定缸径为 10 mm，由此确定气缸型号为 TD10×50。为了检测推顶的状态，选用了两个磁性开关，在选型软件里面导出 3D 模型。气立可 TD10×5 气缸模型如图 6-3 中所示。

（4）结构设计建模。采用 SolidWorks 建模，预先设置好建模环境，单位为 mm，建模过

106

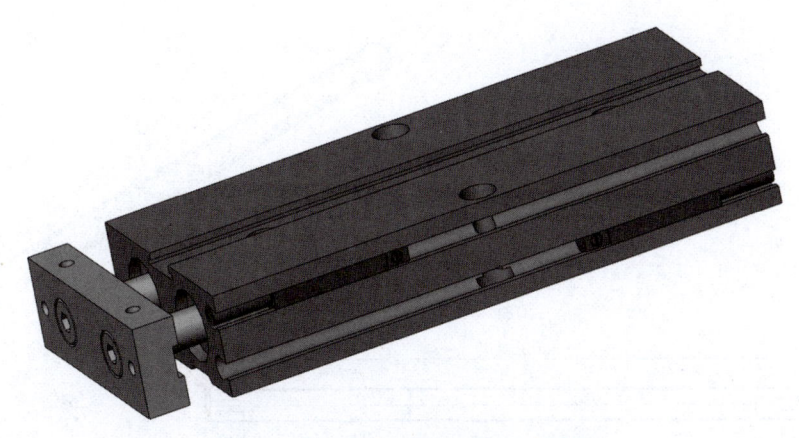

图 6-3 气立可 TD10×50 气缸模型图

程大致是料仓—推料—结构，这期间可以交互设计。下面详细介绍建模过程。

首先从井式上板开始建模，考虑到美观性，材料选用铝 6061，表面氧化喷砂处理。物料尺寸为 60 mm×40 mm，在放入料仓时，需要留有活动间隙，因此内空尺寸确定为 61 mm×41 mm，外框尺寸先暂定为 80 mm×60 mm，厚度为 10 mm。内空考虑机加工走刀，直角处圆弧避空，设置井式导柱安装螺钉沉头孔，具体尺寸可以根据设计过程调整完善。至此零件建模基本完成，如图 6-4 所示。

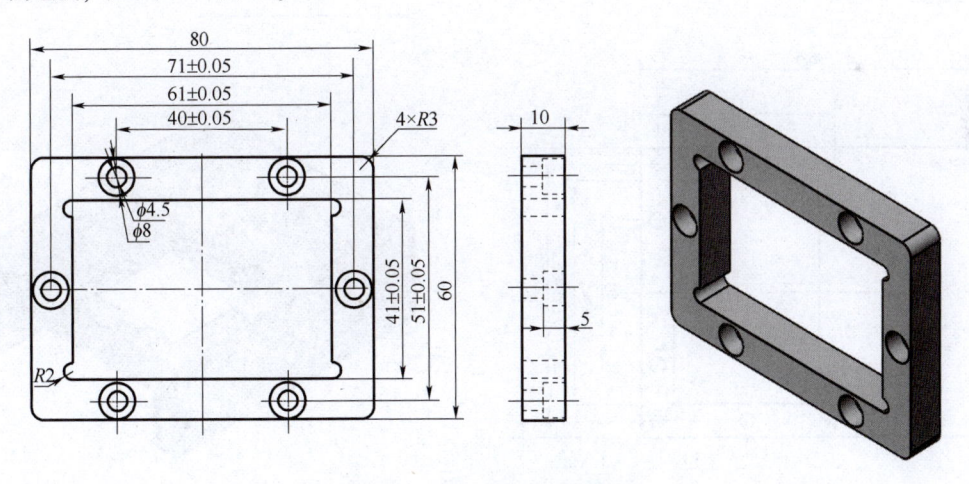

图 6-4 井式上板尺寸模型图

然后进行井式导柱建模，考虑到耐磨性和光滑需要，材料选用不锈钢 304，直径尺寸为 10 mm，长度根据料仓堆放物料数量来定，这里取 200 mm，两端需要连接，攻牙 M4 螺纹，倒角。至此零件建模基本完成，如图 6-5 所示。

接着进行井式下板建模，材料选用铝 6061，表面氧化喷砂处理，先按照井式上板形式构建模型，考虑其功用需管控落料后的自由空间及左右位置，于两侧增加台阶，台阶高度大于或等于物料厚度，这里取 18 mm。考虑到推料行程，前侧增加长度，此处可以先设定大致尺寸，模型装配后依据气缸行程核算或者仿真再进行调整，最后增加各零件连接螺钉孔或者沉头孔。井式下板此阶段建模基本完成，如图 6-6 所示。

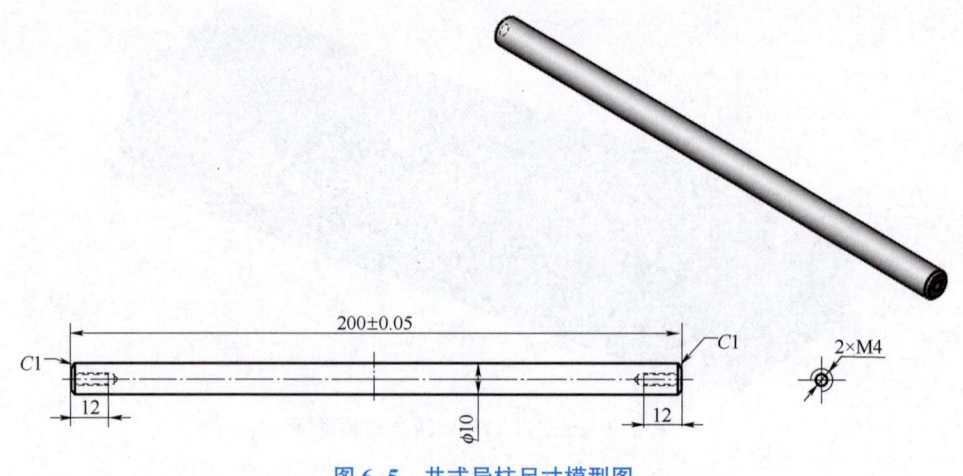

图 6-5　井式导柱尺寸模型图

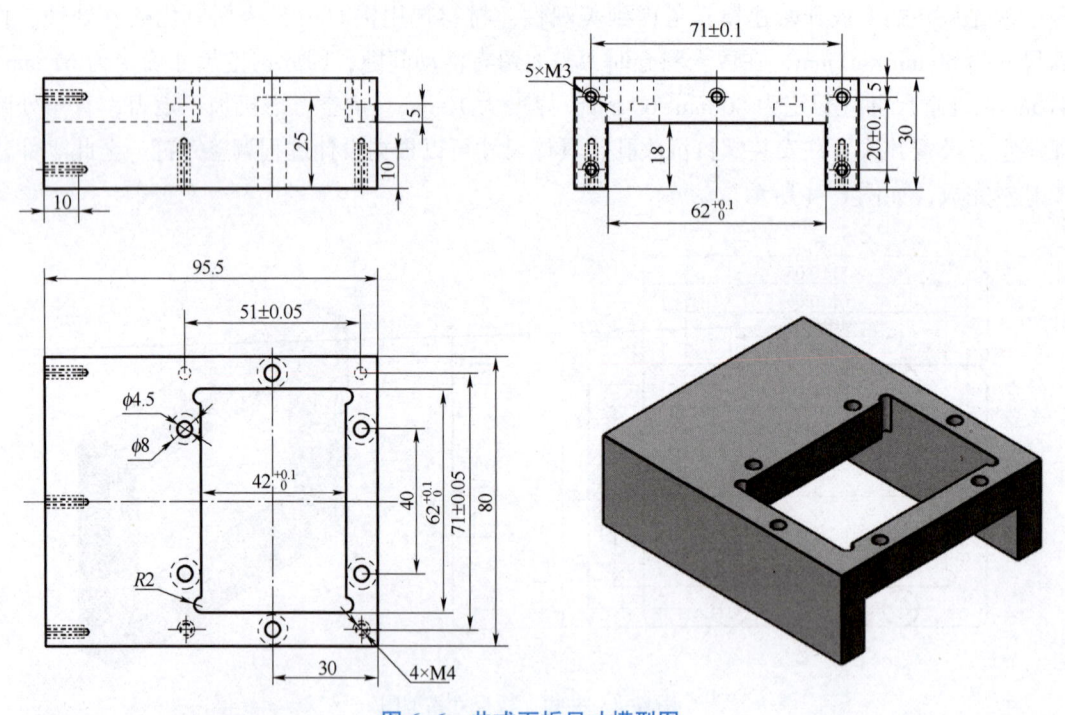

图 6-6　井式下板尺寸模型图

下面进行井式底板建模，材料选用铝6061，氧化喷砂处理。井式底板不仅需要承接料块下落、平推时前移、再下落三个动作，还要提供推顶气缸安装位置，管控落料空间，连接其他功能零件，是井式下料机构的核心部件。零件建模时可以同时建装配体，能直观看到其他部件的结构关系，后续再进行调整完善，最后增加各零件连接螺钉孔或者沉头孔。井式底板此阶段建模基本完成，如图6-7所示。

下面重点讲述井式推料板的设计建模。井式推料板安装到双轴气缸端头上，与气缸连成一体，由气缸推动做往复运动，推出前，井式推料板前端面与最底层矩形物料保持一定距离，推出后，能将物料推到指定位置，同时，上层的物料落至井式推料板上，起承

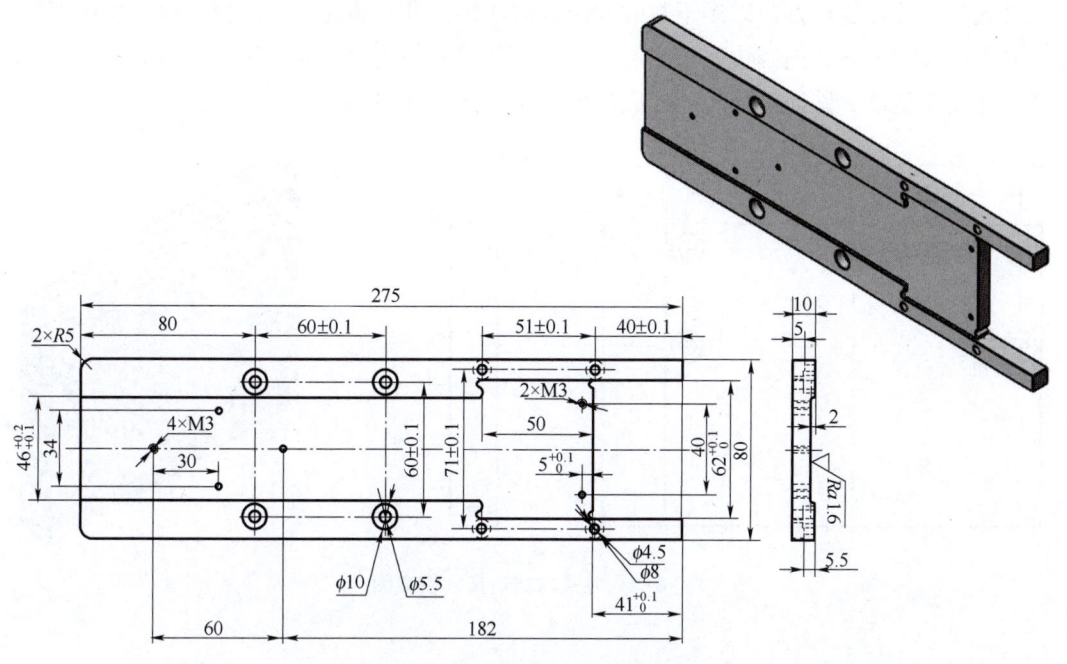

图 6-7 井式底板尺寸模型图

接作用。完成推料后退回，物料落下，从而完成一轮推顶动作。需要注意的是零件厚度必须小于井式矩形物料的厚度，这里设计厚度取值为 16 mm，推料时需要表面光洁，减小摩擦，故选用亚克力材料。其长度设计必须大于推顶距离。井式推料板建模基本完成，如图 6-8 所示。

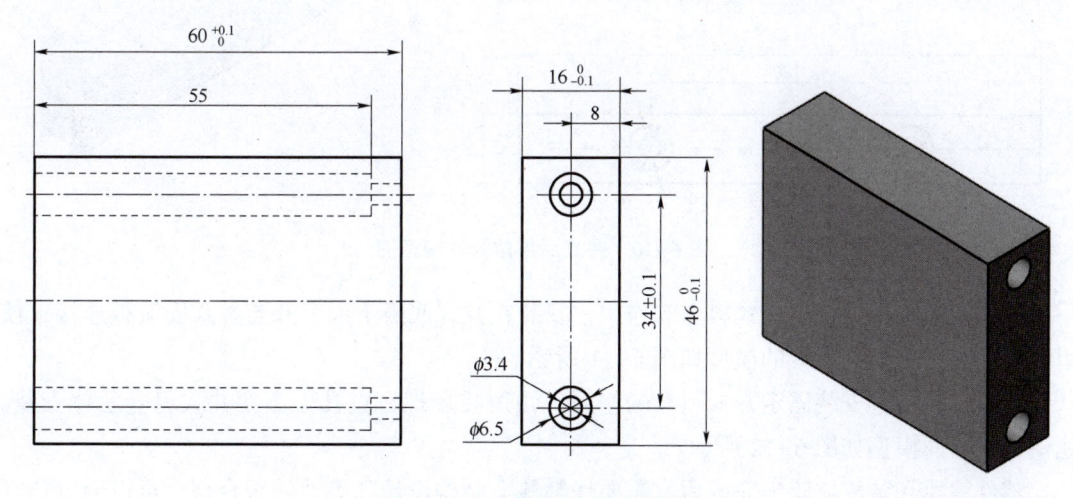

图 6-8 井式推料板尺寸模型图

完成上述几个关键零件的设计建模后，再补充完善井式前挡边、井式后挡边、并式支撑板、井式安装板等附属零件的设计建模，材料都选用铝6061，表面氧化喷砂处理。

井式前挡边在物料推顶时起限位的作用，将其安装在井式下板前端，尺寸和井式下板对应，使用螺钉连接。井式前挡边建模完成如图 6-9 所示。

井式后挡边在物料推顶以后下料时起限位的作用,其安装在井式底板下面,使用螺钉连接,其高度尺寸和井式前挡边底边高度对应,与井式前挡边距离大于矩形物料宽度,同时小于或等于皮带宽度。井式后挡边建模完成的模型如图6-10所示。

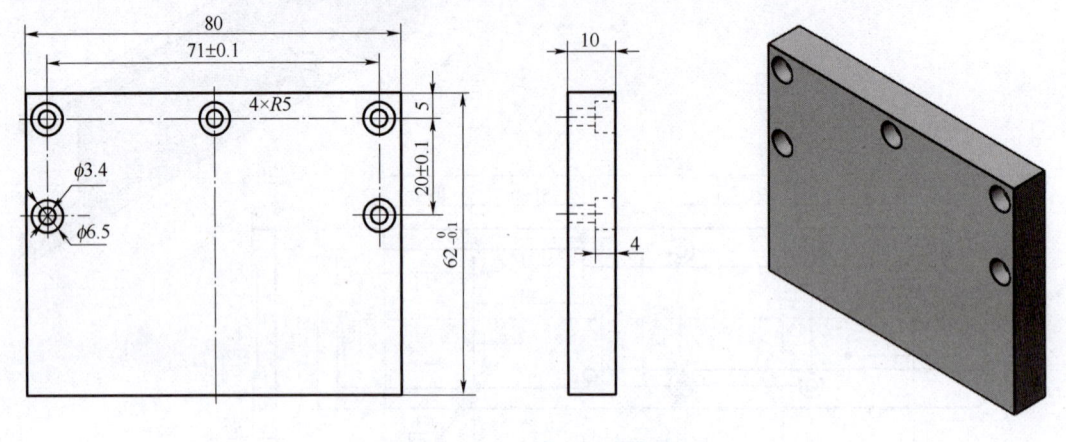

图6-9 井式前挡边尺寸模型图

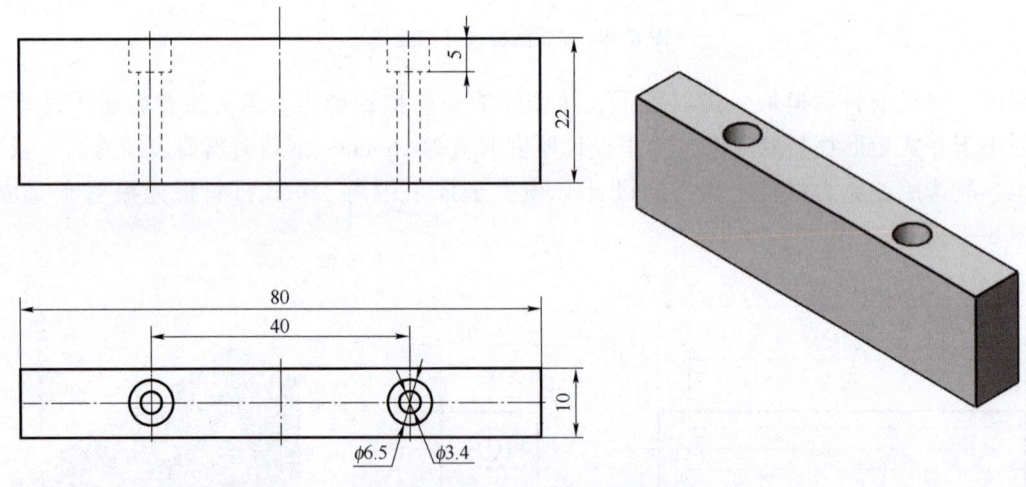

图6-10 井式后挡边尺寸模型图

井式支撑板起到架高井式料仓的作用,安装在井式底板下面,并与井式安装板连接,使用螺钉固定。建模完成后的模型如图6-11所示。

井式安装板起安装固定井式料仓的作用,预留腰形螺钉过孔,方便井式料仓总体安装。建模完成后的模型如图6-12所示。

零件建模和装配体建模完成后,需要仔细核实结构设计和尺寸是否合理,可以通过仿真核算,避免零件相互干涉,建模软件中有这些功能,在装配体中可验证、调整。各零件之间的连接基本采用螺钉连接,设计建模时,也可以在装配体中编辑建模,保持螺钉孔对应关系,防止出错。所有设计建模完成后的模型如图6-1所示。

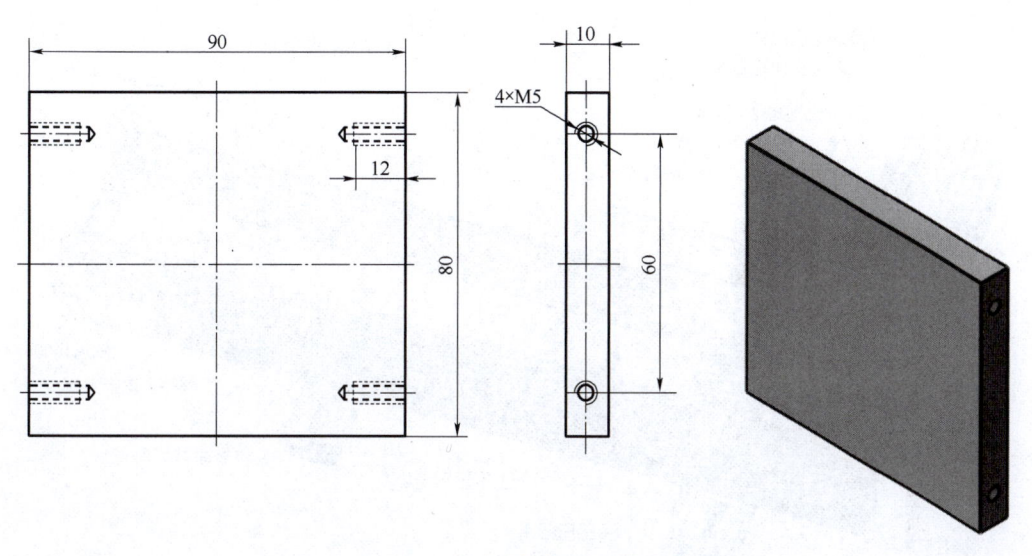

图 6-11 井式支撑板尺寸模型图

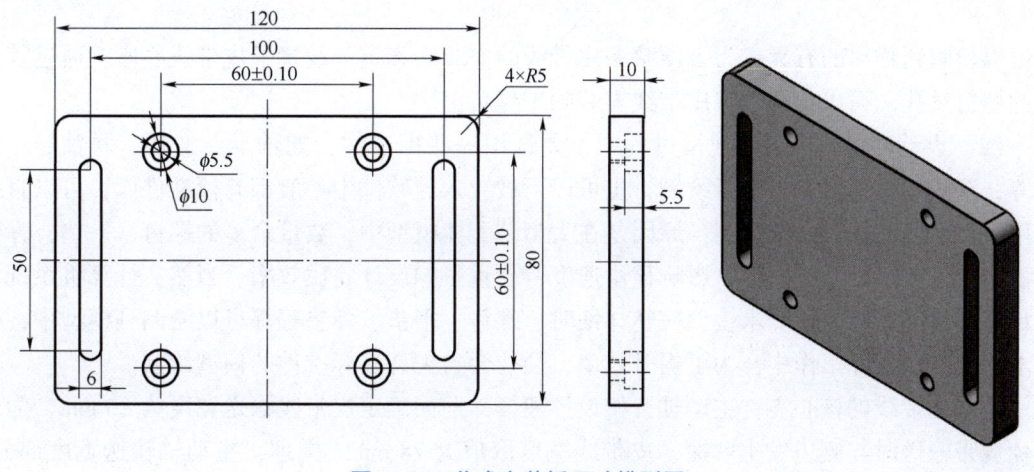

图 6-12 井式安装板尺寸模型图

6.2 输送单元设计

图 6-13 所示为输送单元（皮带线）。下面以小型桌面式皮带线为例，详细介绍其设计建模过程。皮带线设计建模步骤如下。

（1）结构分析。此处皮带线输送的物料为矩形物料，尺寸为 60 mm×40 mm×18 mm，皮带线所需宽度应大于 60 mm，且还应留有余量，所以确定皮带线输送宽度为 80 mm，输送长度没有具体要求，结合其工作特点，初步定为 400 mm。步进电机 6067 通过联轴器驱动主动轴，从而带着皮带运动，实现物料输送。为防止皮带打滑，从动轴设置了张紧机构，可调节皮带松紧。为保证输送过程中物料的方位准确，设置了物料挡边，根据需求特点也可以不用挡边。为方便检测物料，在皮带线末端设置了物料挡块，物料输送到此停止。对射光电感应

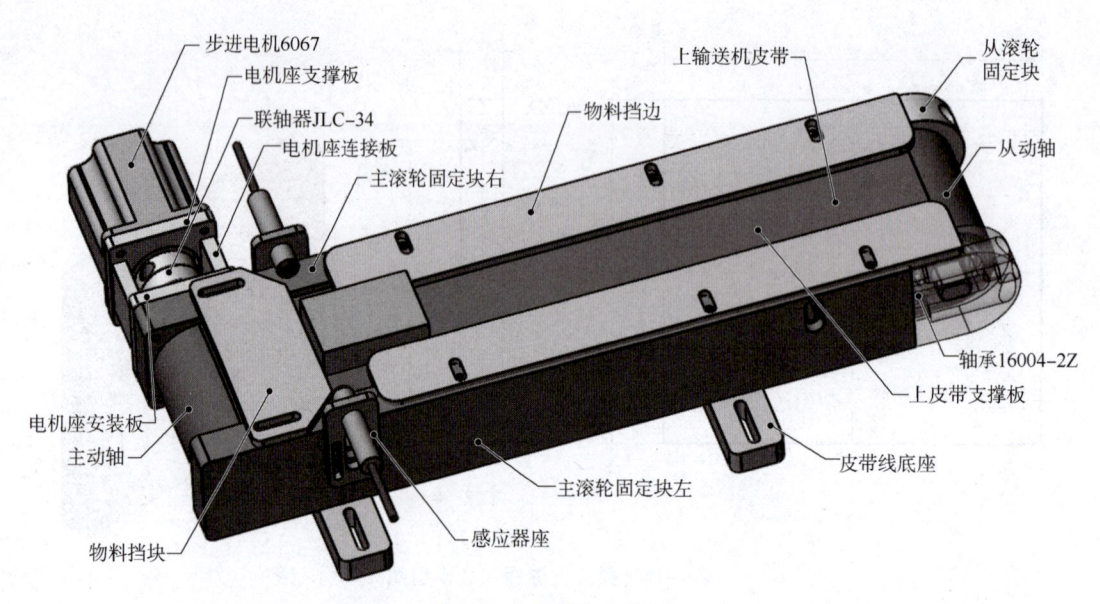

图 6-13 皮带线示意图

器可以检测到物料的有无。为方便整条皮带线的安装固和定，设置了皮带线底座，通过其上面的螺钉过孔，可以方便地将皮带线安装到工作台上。

（2）设计建模。在设计建模过程中，要选用一些标准件，如轴承、卡环、联轴器、螺钉等，这些零件模型可以自行绘制，也可以下载导入，软件中一般都有标准件库，可以直接调用，但大多数螺钉并未绘制，原因是在大型装配体模型中，数量众多的螺钉、平垫、弹垫会占用大量计算机系统资源，影响显示速度，严重影响设计建模效率。当然，计算机系统资源足够的情况下，或者要求模型完整详细时，螺钉、平垫、弹垫等都可以绘制到模型中，视需求而定。在实际工作中，为了提升效率，往往会省去许多标准件的模型绘制。

先从皮带线的核心零件主动轴开始设计建模，前面确定皮带线输送宽度为 80 mm，为了避免皮带输送时与侧边发生摩擦，皮带线宽度取值为 78 mm。同理，主动轴输送宽度部分，也取值为 78 mm，直径取值为 50 mm。建模时，两端各设一个 1 mm 厚的台阶面，以利于轴承的安装。然后在两端设置轴承安装位置以及弹性挡圈固定位置，轴承选用 16004，尺寸为 20 mm×42 mm×8 mm，装配体建模可以导入模型。轴承安装位置要求直径为 20 mm，宽度为 8 mm，考虑使用外弹性挡圈安装，宽度取值为 12mm，选用 20 外弹性挡圈，安装部分尺寸可以查询标准手册，步进电机连接端设置出轴，用于联轴器安装。最后设置倒角等工艺技术要求内容。完成设计建模后的模型如图 6-14 所示。

下面进行皮带线的另外一个核心部件从动轴部件的设计建模。从动轴由从动轴、从动滚轮和两个轴承组成。从动轴部件和主动轴部件的区别是主动轴带动皮带转动，提供动力，从动轴部件只需跟随转动即可，但同时要承担另外一个重要功能，那就是张紧皮带。因此从动轴部件要做成活动结构，通过从动滚轮固定块的螺钉来调节与主动轴之间的距离，从而实现张紧功能。接下来进行从动滚轮和从动轴独立设计建模，导入轴承模型。从动轴装配体设计建模完成后的模型如图 6-15 所示。

从动滚轮外形尺寸和主动轴相似，外径为 50 mm，长度为 78 mm，两端安装轴承 16004，

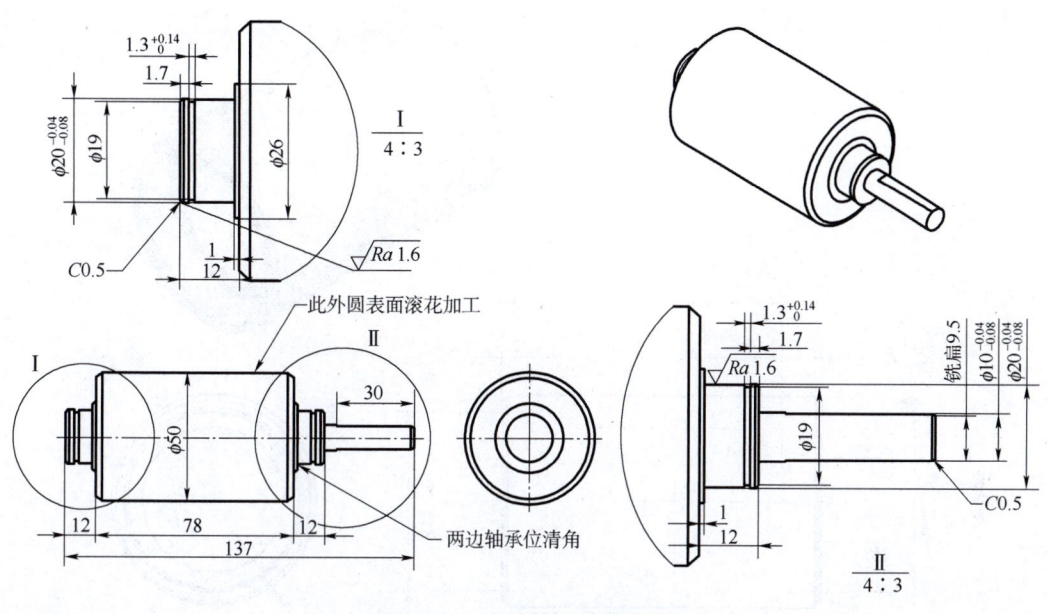

图 6-14 主动轴尺寸模型图

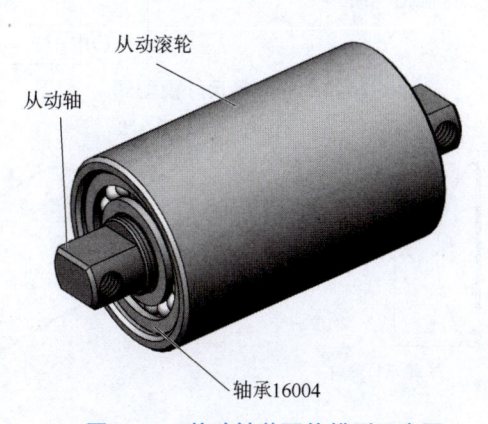

图 6-15 从动轴装配体模型示意图

设置轴承安装位置，由于中间需要穿过从动轴，所以需要通孔，孔径取值为 35 mm，倒角，从动滚轮的设计建模完成后的模型，如图 6-16 所示。

从动轴除了设置两个轴承安装位置外，关键是要设置张紧螺钉孔和防转扁口，长度方向尺寸与从动滚轮匹配。设计建模完成后的模型如图 6-17 所示。

从动滚轮固定块，左右各一个，其尺寸完全相同，对称安装。其设计要考虑从动轴的安装和调节，也就是张紧，同时考虑和主动滚轮固定块的连接固定。设计建模完成后的模型如图 6-18 所示。

主滚动轮固定块，左右各一个，其整体尺寸完全相同，但由于一边需要安装步进电机，所以设置了主动轴出轴空间和步进电机安装结构，因此分左右安装，实际是两个零件。首先进行主滚轮左固定块的设计建模，主动滚轮右固定块在此基础上增加孔位即可，无需重新建模。由于这两个零件是主体结构件，其他零件均安装在它们上面，因此，其设计建模不能一步到位，需要逐步完善。先建外形，长度取值为 400 mm，高度与从动滚轮固定块匹配，取

113

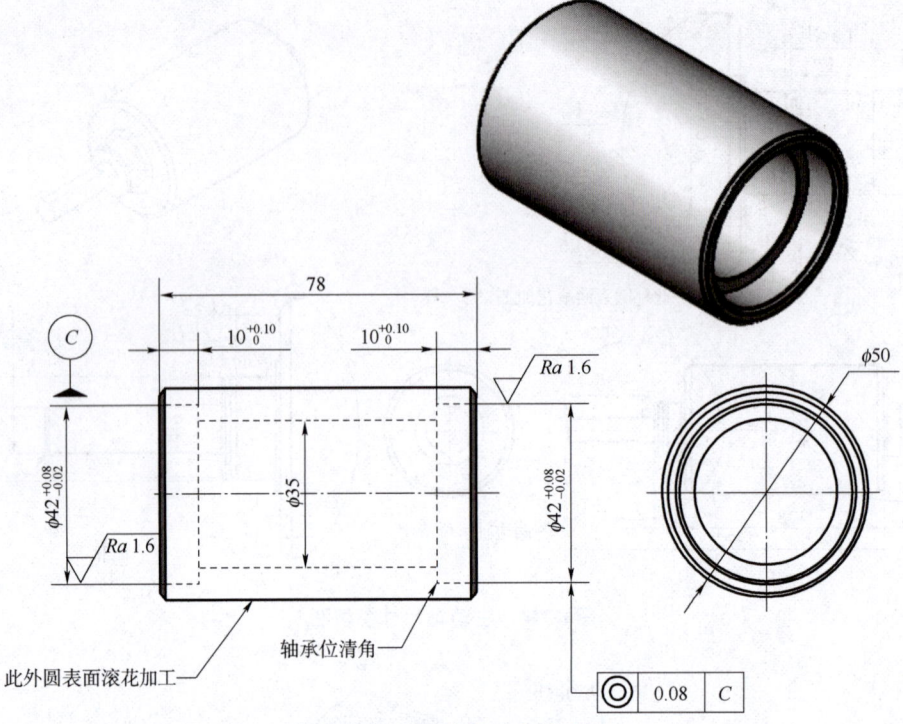

图 6-16　从动滚轮尺寸模型图

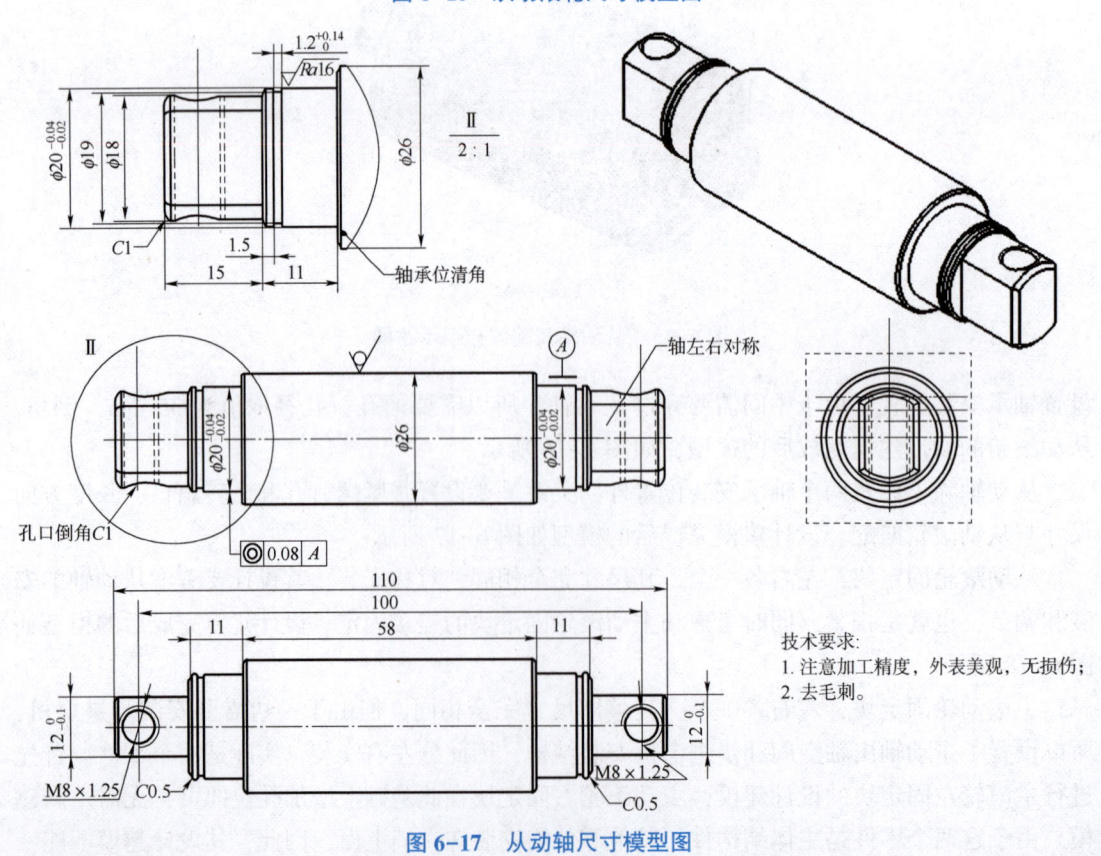

图 6-17　从动轴尺寸模型图

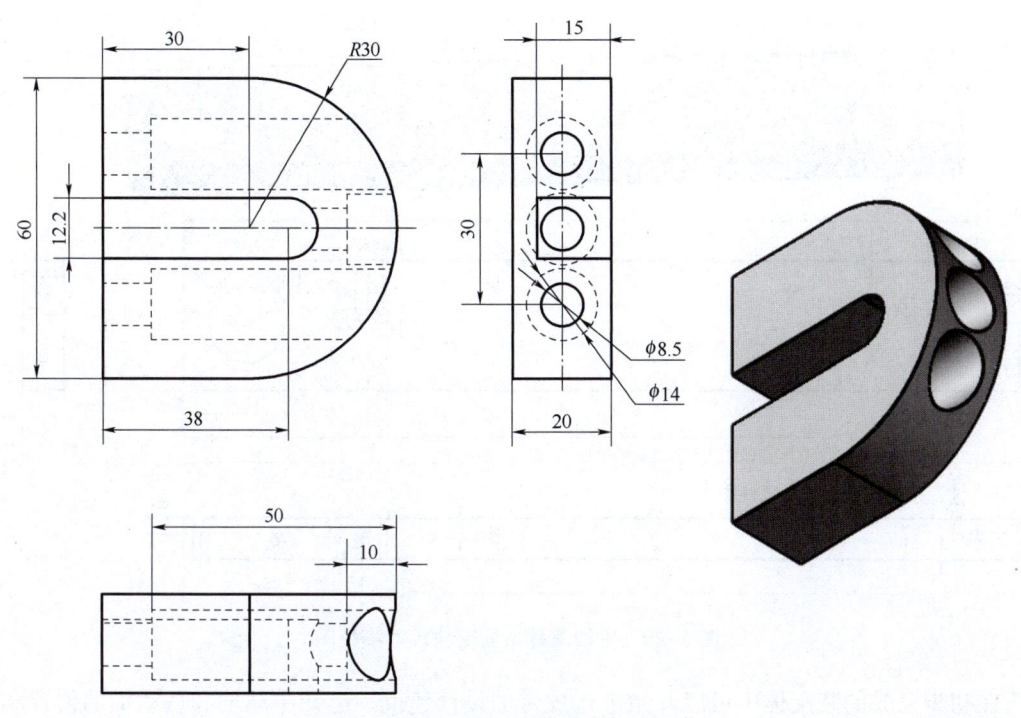

图 6-18 从动滚轮固定块尺寸模型图

值为 60 mm，厚度也与从动滚轮固定块匹配，取值为 20 mm，完成初步建模。再对主动轴和从动轴部件的连接部分进行装配体建模，最后设计建模其他零件，同时完善主动滚轮左固定块和主动滚轮右固定块的设计建模。计建模完成后的模型如图 6-19 和图 6-20 所示。

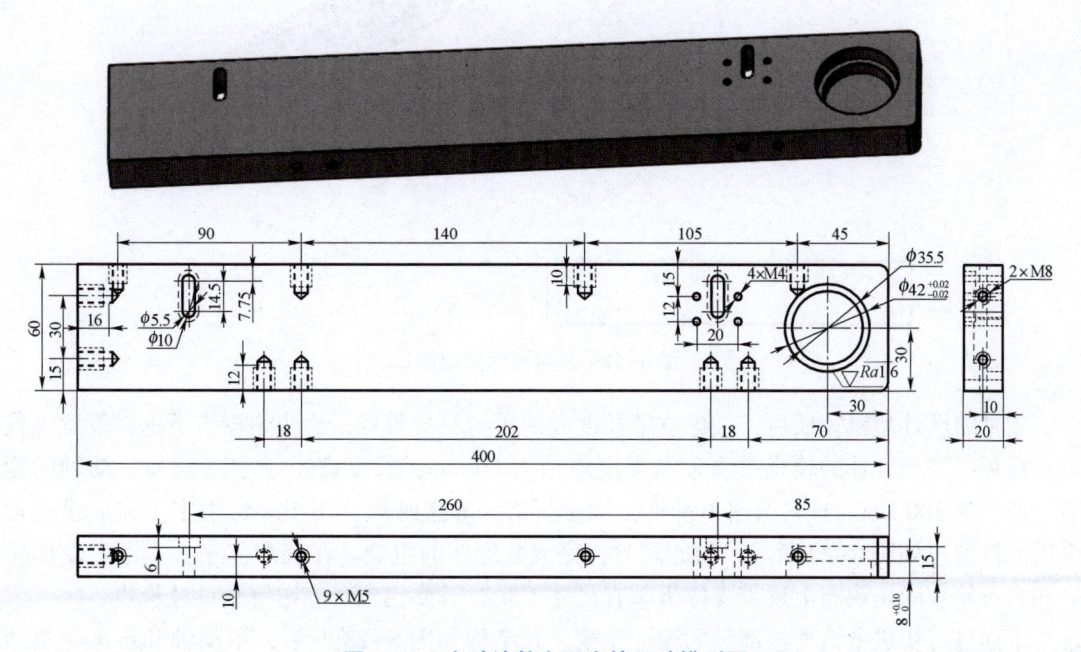

图 6-19 主动滚轮左固定块尺寸模型图

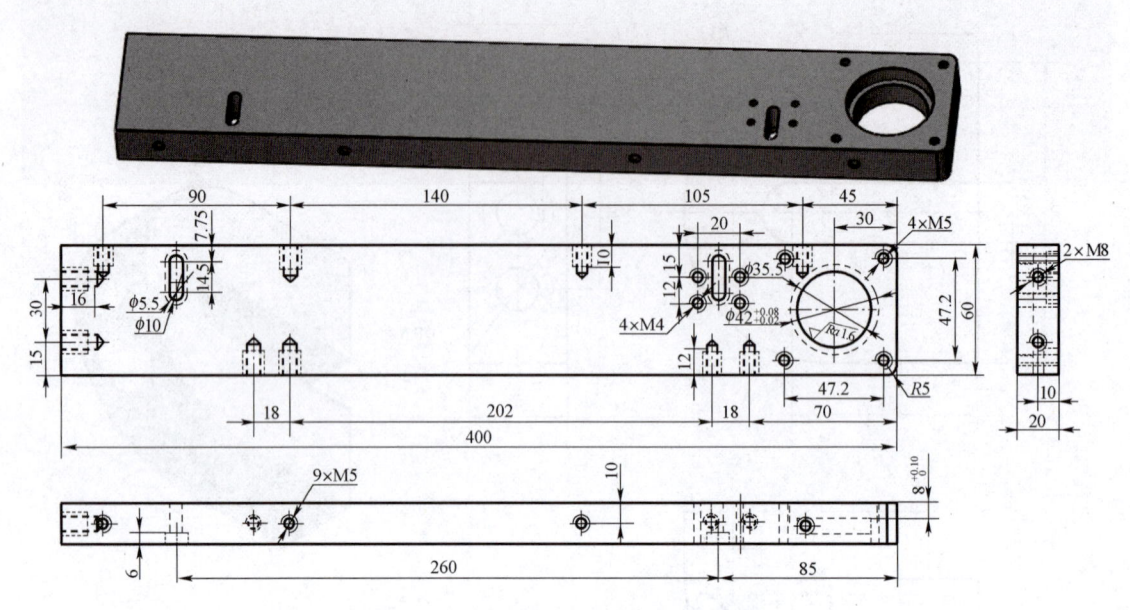

图 6-20　主动滚轮右固定块尺寸模型图

在初步完成的装配体中可以开始进行皮带的设计建模。已知主动轴和从动轴的位置和尺寸可以方便地确定皮带尺寸。宽度前面已经取值为 78 mm，主动轴外径和从动滚轮外径都是 50 mm，则确定皮带内圈直径为 50 mm，厚度根据输送物料的质量和尺寸特点，取值为 2 mm，中心距在装配体中得知为 395 mm，这样就完成皮带的设计建模，如图 6-21 所示。

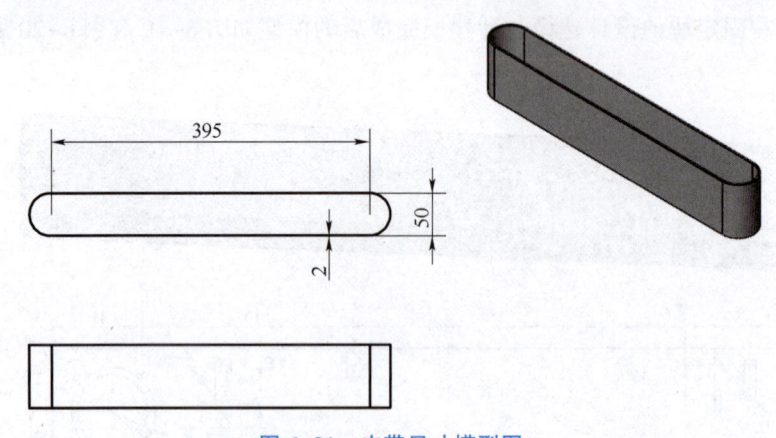

图 6-21　皮带尺寸模型图

皮带的设计建模完成后，考虑皮带长度和传送物料的质量，为防止皮带下垂，设置上皮带支撑板，按照设计的输送带宽度，高度取值为 80 mm，长度需小于主动轴和从动轴的距离，取值为 300 mm。材料选用不锈钢，钣金折弯，焊接螺母，用于螺钉固定。完成设计建模后的模型。如图 6-22 所示。与此同时，完成装配体的组装。在装配体中，主滚轮左固定块和主滚轮右固定块与上皮带支撑板都有尺寸关联，需要完善对应螺钉孔设计建模。

下面进行步进电机连接部分的设计建模，其结构如图 6-23 所示，主动轴和步进电机通过联轴器相连，电机座支撑板、电机座连接板、电机座安装板共同组成步进电机的连接部

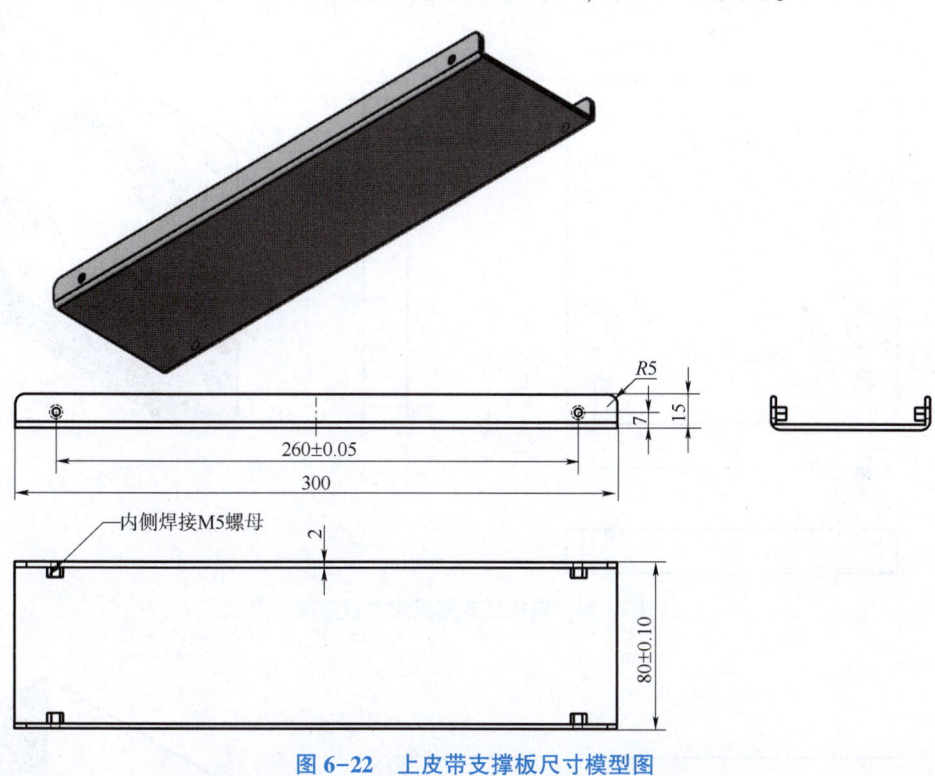

分。联轴器和步进电机都可以通过选型和模型下载导入，在此不再赘述。

图 6-22 上皮带支撑板尺寸模型图

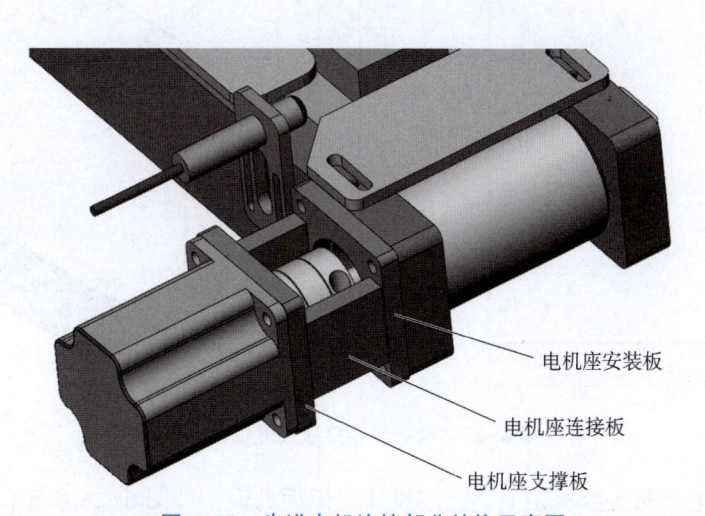

图 6-23 步进电机连接部分结构示意图

电机座支撑板用于步进电机的固定，外形尺寸与步进电机法兰适配，设置相应的螺钉孔位，用于步进电机的固定，同时设置与电机座连接板相连的螺钉孔位。完成设计建模后的模型如图 6-24 所示。

电机座连接板起过渡作用，应根据联轴器的长度确定其尺寸大小。完成设计建模后的模型如图 6-25 所示。

电机座安装板起连接皮带线体的作用，使用螺钉连接，与电机座连接板也通过螺钉连

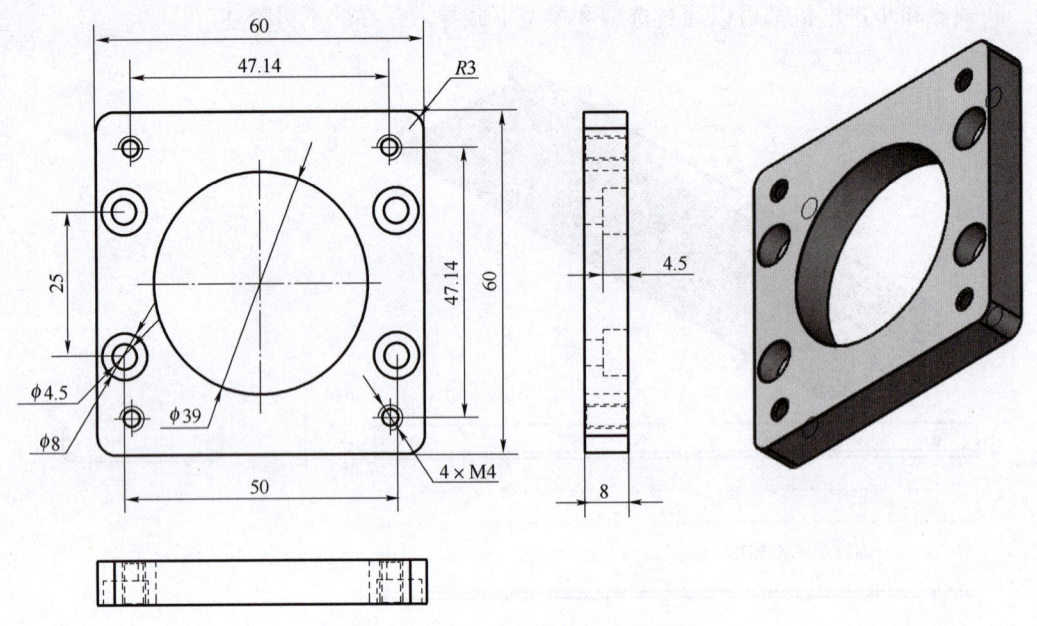

图 6-24 电机座支撑板尺寸模型图

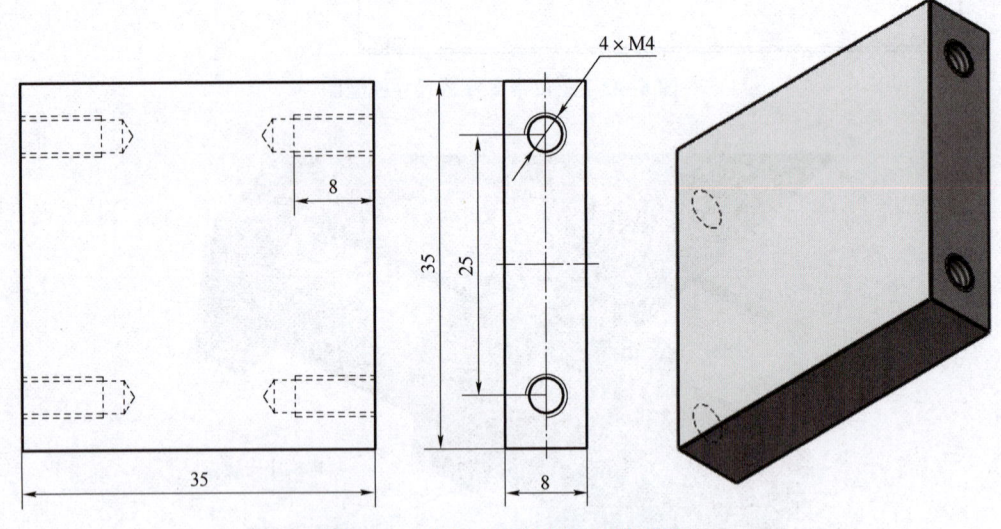

图 6-25 电机座连接板尺寸模型图

接,外形尺寸与电机座支撑板相似。完成设计建模后的模型如图 6-26 所示。

至此,皮带线主体结构设计建模基本完成。下面进行相关附属结构的设计建模。首先,为方便皮带线的整体安装,设置皮带线底座,进行零件的相互连接固定,并留螺钉安装过孔,方便安装到平台上,其设计建模尺寸如图 6-27 所示。在装配体中,主动滚轮左固定块和主动滚轮右固定块与皮带线底座都有尺寸关联,需要完善配合尺寸和对应螺钉孔设计建模。

下面对物料挡边进行设计建模,其作用在于限制物料在皮带线上的位置,通过设置腰形螺钉过孔,可以适度调节位置,通过螺钉安装到主动滚轮左固定块和主动滚轮右固定块上面,其设计建模尺寸如图 6-28 所示。在装配体中,主动滚轮左固定块和主动滚轮右固定块

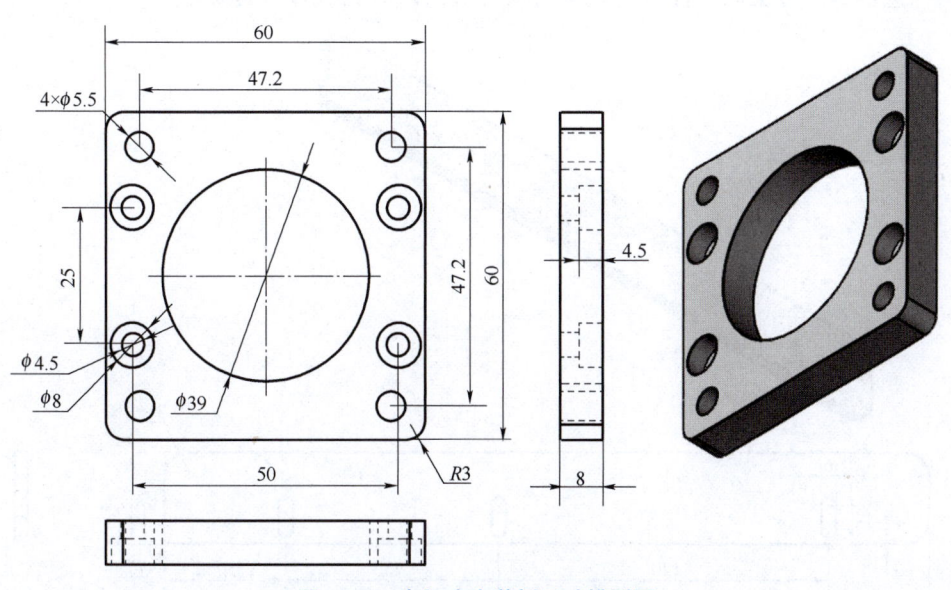

图 6-26 电机座安装板尺寸模型图

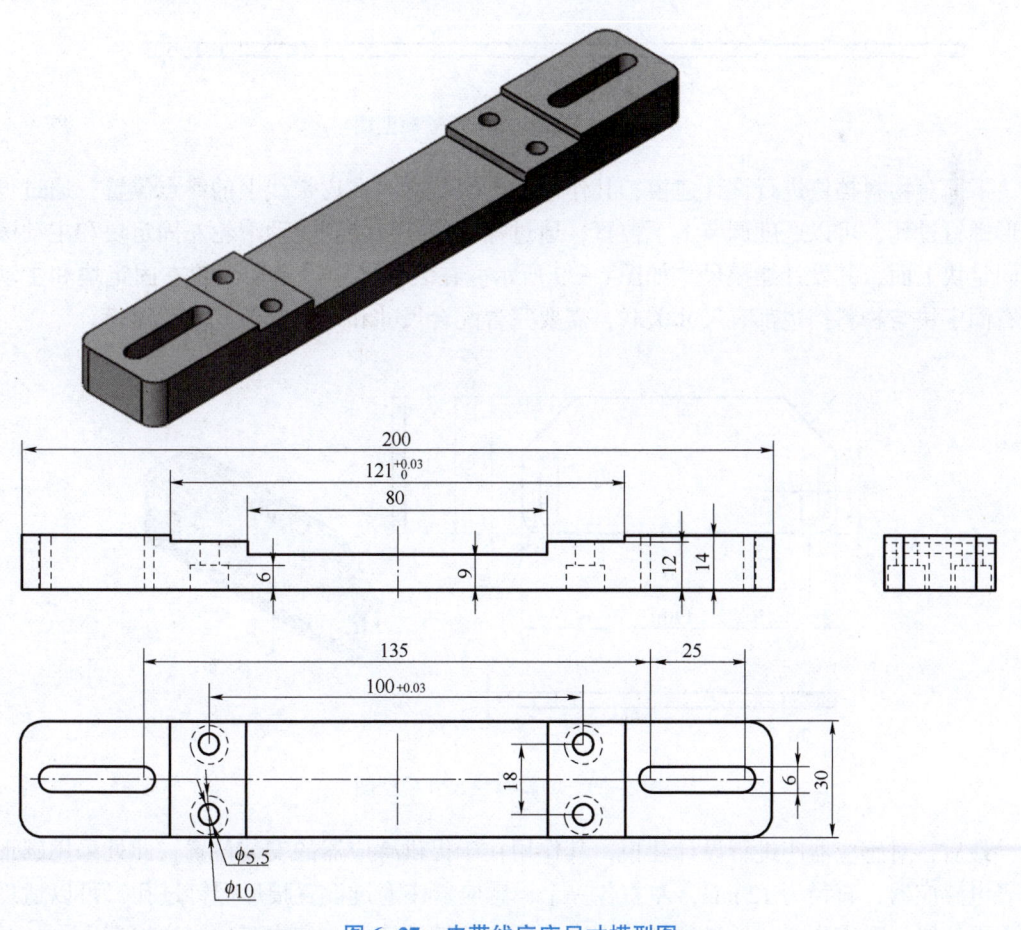

图 6-27 皮带线底座尺寸模型图

与物料挡边都有尺寸关联，需要完善配合尺寸和对应螺钉孔设计建模。

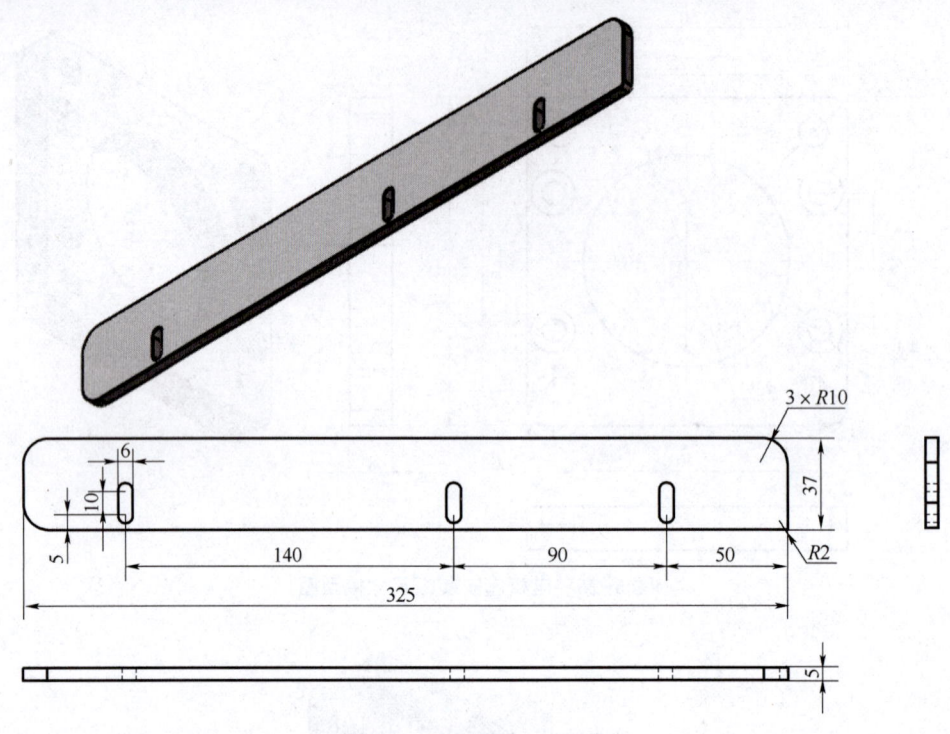

图 6-28 物料挡边尺寸模型图

下面对物料挡块进行设计建模，其作用在于限制物料在皮带线上的终点位置，通过设置腰形螺钉过孔，可以适度调节上下位置，通过螺钉将其安装到主动滚轮左固定块和主动滚轮右固定块上面，其设计建模尺寸如图 6-29 所示。在装配体中，主动滚轮左固定块和主动滚轮右固定块与物料挡边都有尺寸关联，需要完善配合尺寸和对应螺钉孔设计建模。

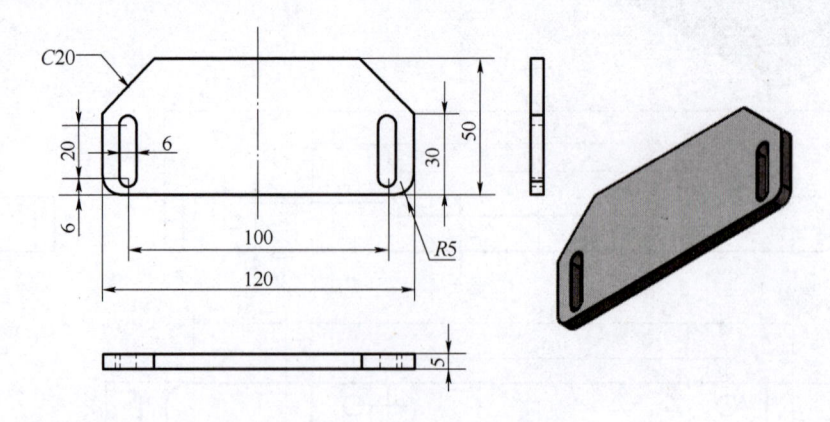

图 6-29 物料挡块尺寸模型图

最后，对感应器座进行设计建模，其作用在于提供感应器的安装位置，此处采用圆形对射光电感应器，直径为 12 mm，左右各一个，感应器座通过设置腰形螺钉过孔，可以适度调节上下位置，对准物料，通过螺钉分别安装到主滚轮固定块左和主滚轮固定块右上面，其设计建模如图 6-30 所示。在装配体中，主滚轮左固定块和主滚轮右固定块与感应器座都有尺寸关联，需要完善配合尺寸和对应螺钉孔以完成设计建模。

图 6-30 感应器座模型图

在完成所有零件的设计建模和装配体建模后应对相应的配合关系、尺寸关系进行检查核实。尺寸设计欠妥的，可以进行调整，进行干涉检查，防止配合出错，还可以制作爆炸视图，能更充分地反映各零件的对应关系，如图 6-31 所示。有条件的可以进行仿真，以观察其真实工作状态。

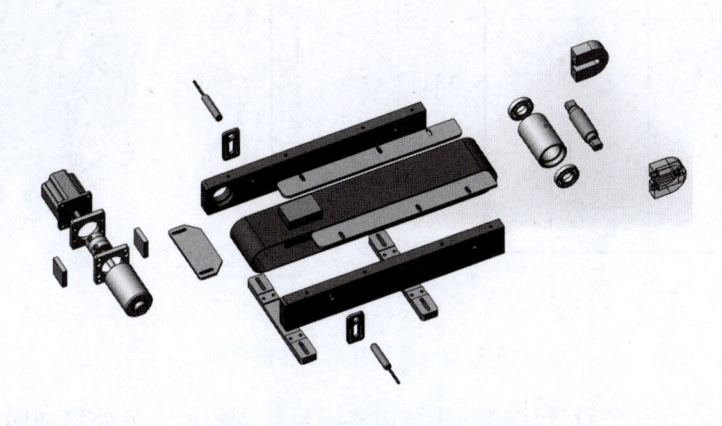

图 6-31 皮带线装配爆炸图

6.3 码垛平台设计

如图 6-32 所示，码垛平台（托盘）相对简单，只需要搭建一个平台就可以了。
（1）码垛托盘的设计建模。首先根据矩形物料尺寸，规划码垛托盘尺寸，为了方便实现机器人码垛，托盘需要架高，增加了 4 根立柱，用螺钉连接。具体尺寸和建模如图 6-33 所示。

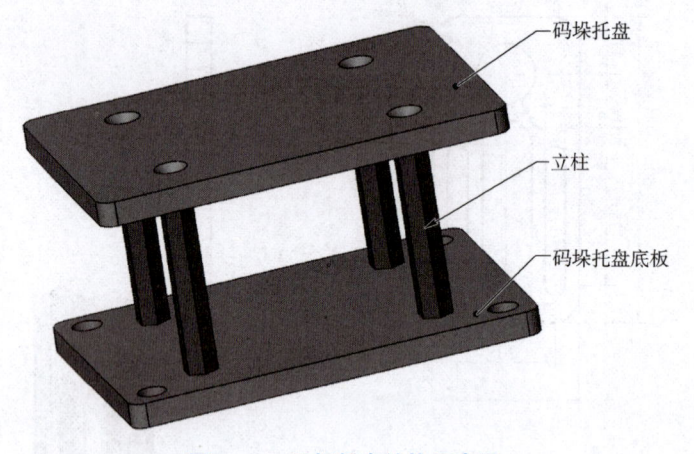

图 6-32 码垛托盘结构示意图

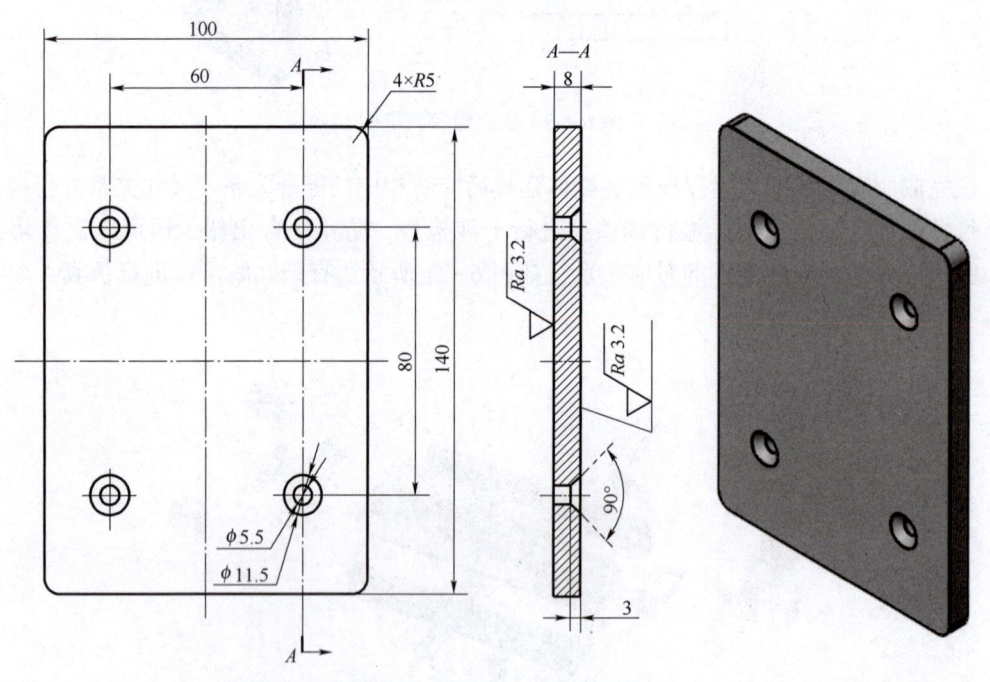

图 6-33 码垛托盘尺寸模型图

（2）码垛托盘底板的设计建模，其结构和码垛托盘相似，另外增加固定螺钉孔即可。具体尺寸和建模如图 6-34 所示。

（3）立柱的设计建模更加简单，底面为六边形，高度取值为 60 mm，两端攻 M5 螺纹。具体尺寸和建模如图 6-35 所示。

码垛平台有多种方案，这里的案例是最简单的，可以根据需求调整尺寸，也可以在码垛盘上面分格或刻画图案，以标定码垛位置和图案，如图 6-36 所示。

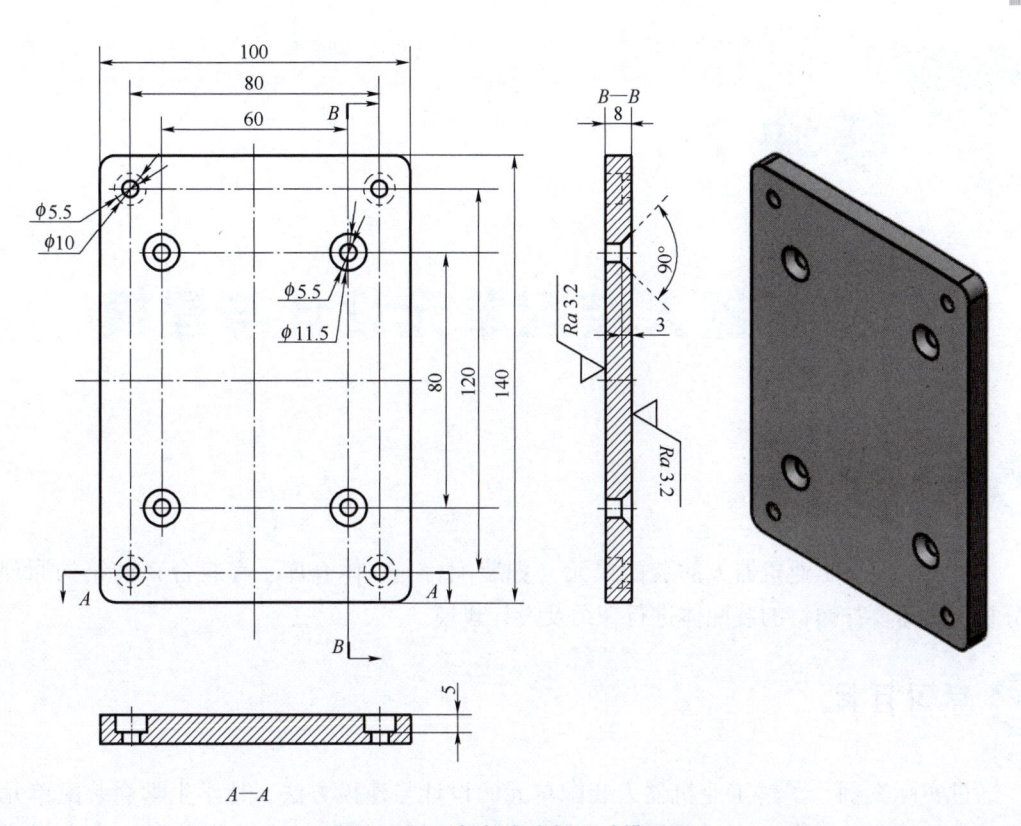

图 6-34　码垛托盘底板尺寸模型图

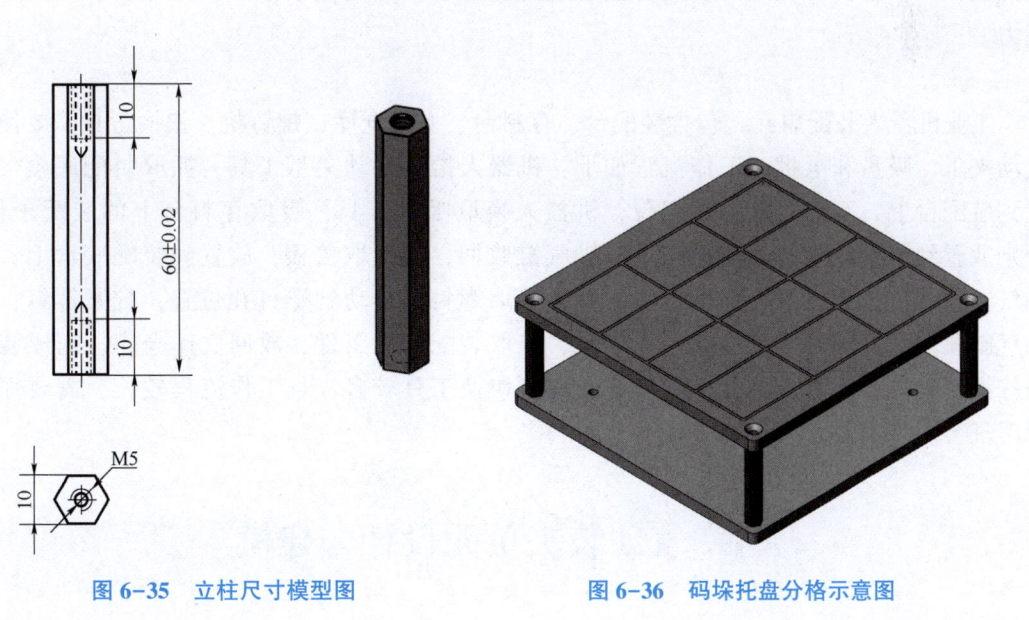

图 6-35　立柱尺寸模型图　　　　图 6-36　码垛托盘分格示意图

模块总结

本模块主要对井式下料和皮带线的结构和工作原理进行了介绍，并对其核心零件进行了分析和设计建模。

模块 7

工业机器人装配单元设计与建模

模块描述

本模块主要对工业机器人的装配单元（如装配台、立体仓库、存料台）的结构原理进行分析，对需要拧螺钉的装配体进行介绍及设计建模。

学习目标

通过实际案例，了解工业机器人装配单元的设计与建模方法，让学生学会装配单元的设计建模，掌握自动装配的装夹方法和装配流程，同时培养学生分析问题、解决问题的能力。

工业机器人装配单元，包含装配台、存料台、立体仓库、螺钉机。快换工具需要使用气动夹爪、吸盘和电批，工作流程如下：机器人拾取气动夹爪工具，抓取装配底盒，放置到装配台上，双轴气缸顶推定位，机器人换取吸盘工具，吸取存料台上的装配子件，分别放置到装配底盒的对应位置，双轴气缸收回，再吸取盖板，放置到装配底盒上，双轴气缸顶推定位，机器人换取电批工具，吸取螺钉，移动到螺钉孔位置，拧紧螺钉，双轴气缸收回，机器人换取气动夹爪工具，夹取装配好的工件，放回立体仓库，完成装配与拧螺钉动作。此工作单元内容较多，用到快换工具较多，且工作流程较长，需要仔细思考理会。

7.1 气动装夹单元设计与建模

气动装夹单元包含装配台底板、装配固定板、双轴气缸、气缸挡边数、工件侧挡边、工件侧挡边 2、立柱，如图 7-1 所示。

（1）装配固定板的设计建模。装配底盒尺寸取值为 80 mm×80 mm×15 mm，周边方正，采用双轴气缸顶推定位固定，对应位置设置工件侧挡边 1 和工件侧挡边 2，起定位作用，设置与其连接的固定螺钉孔，具体尺寸模型如图 7-2 所示。

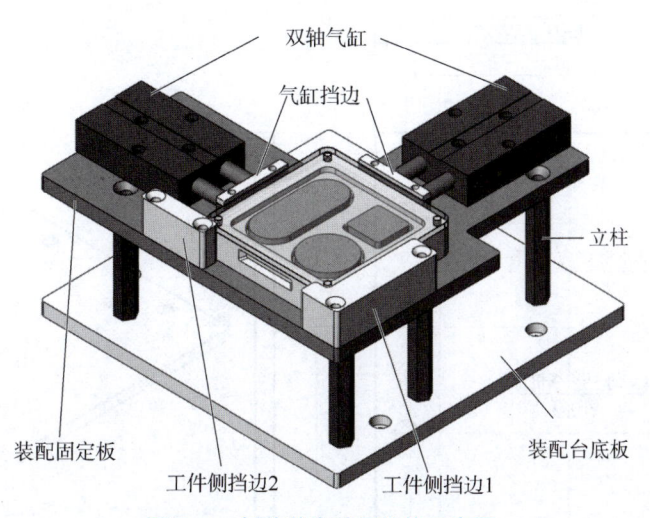

图 7-1 气动装夹单元结构示意图

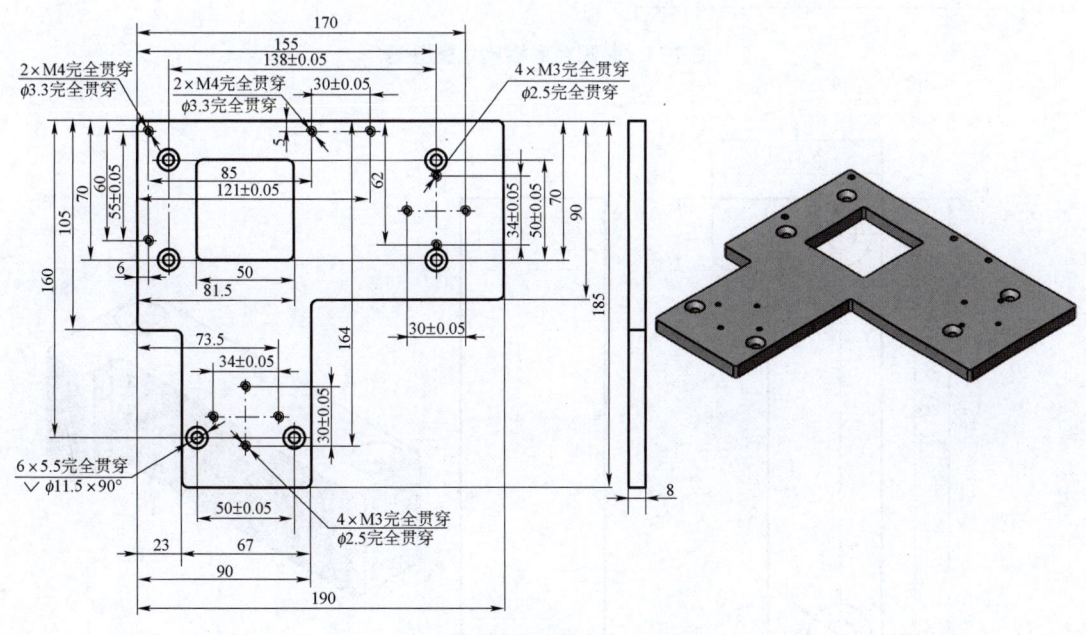

图 7-2 装配固定板尺寸模型图

（2）装配台底板的设计建模。底板与立柱连接，设置固定螺钉孔，同时设置整体安装到台面的螺钉安装孔位。具体尺寸模型如图 7-3 所示。

（3）工件侧挡边的设计建模。需要核算气缸顶推的起始位置和距离以确定挡边长度，设置固定螺钉孔，高度应该大于装配底盒与盖板厚度之和，这里取值为 20 mm。设置转角用于装配底盒定位，设置安装到台面的螺钉孔位。具体尺寸模型如图 7-4 所示。

（4）工件侧挡边 2 的设计建模，高度与工件侧挡边相同，设置相应的螺钉安装孔位，安装距离应考虑气动夹爪工具的宽度，预留工作空间，以确保工作时不会触碰。具体尺寸模型如图 7-5 所示。

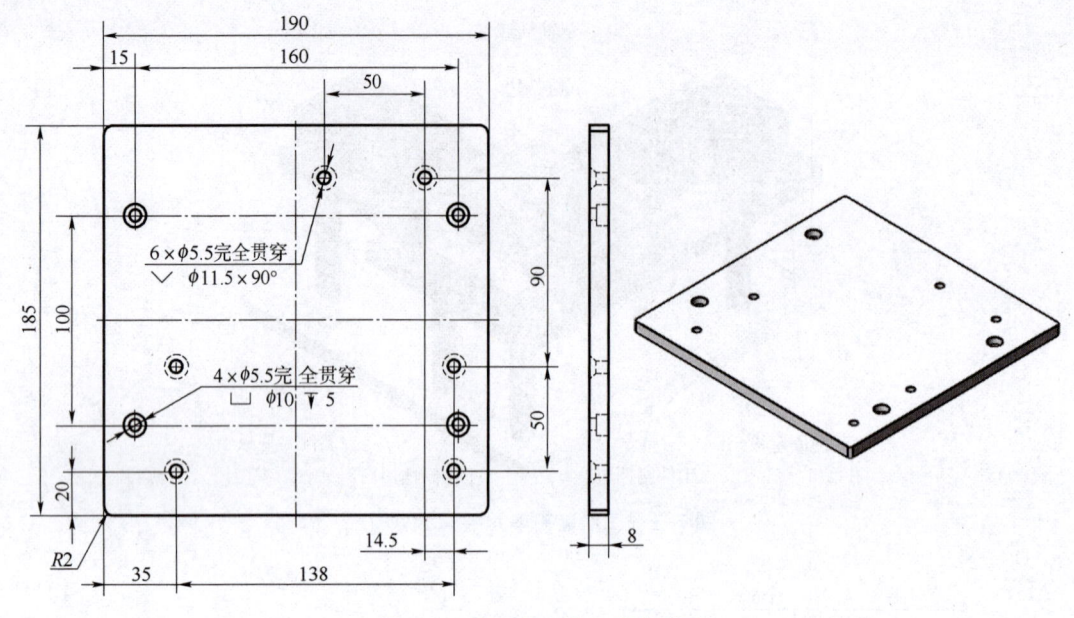

图 7-3 装配台底板尺寸模型图

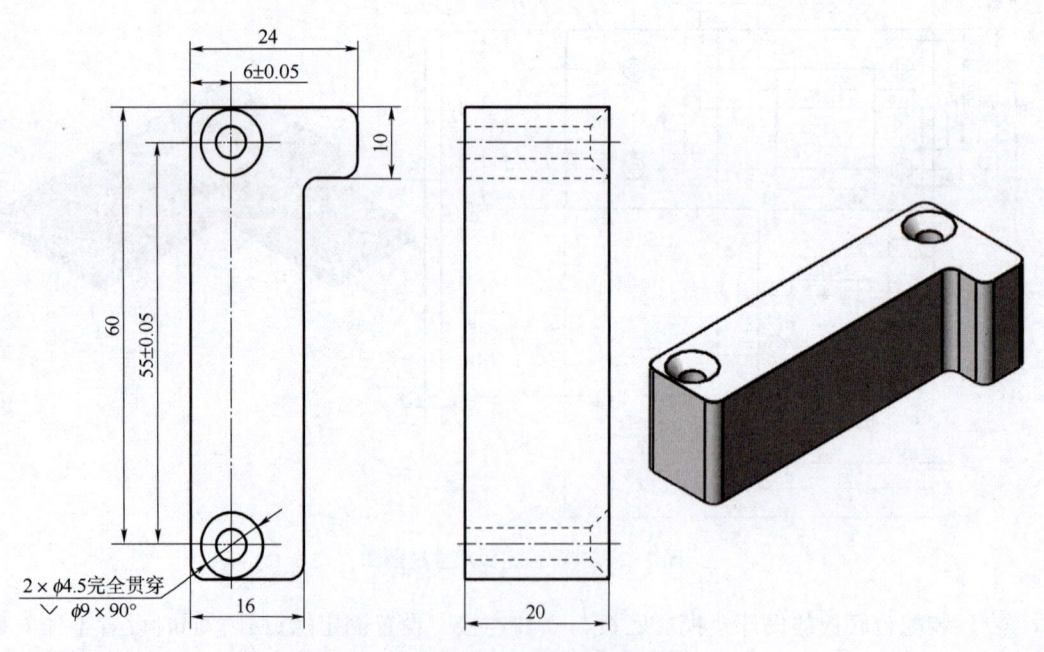

图 7-4 工件侧挡边尺寸模型图

（5）气缸挡边 1 的设计建模。气缸挡边 1 的作用是装配盖板时对盖板进行顶推定位，其结构简单，安装至气缸推块上，设置相应的螺钉安装孔位。具体尺寸模型如图 7-6 所示。

最后，完善装配体设计建模，进行尺寸核对和位置干涉检查。

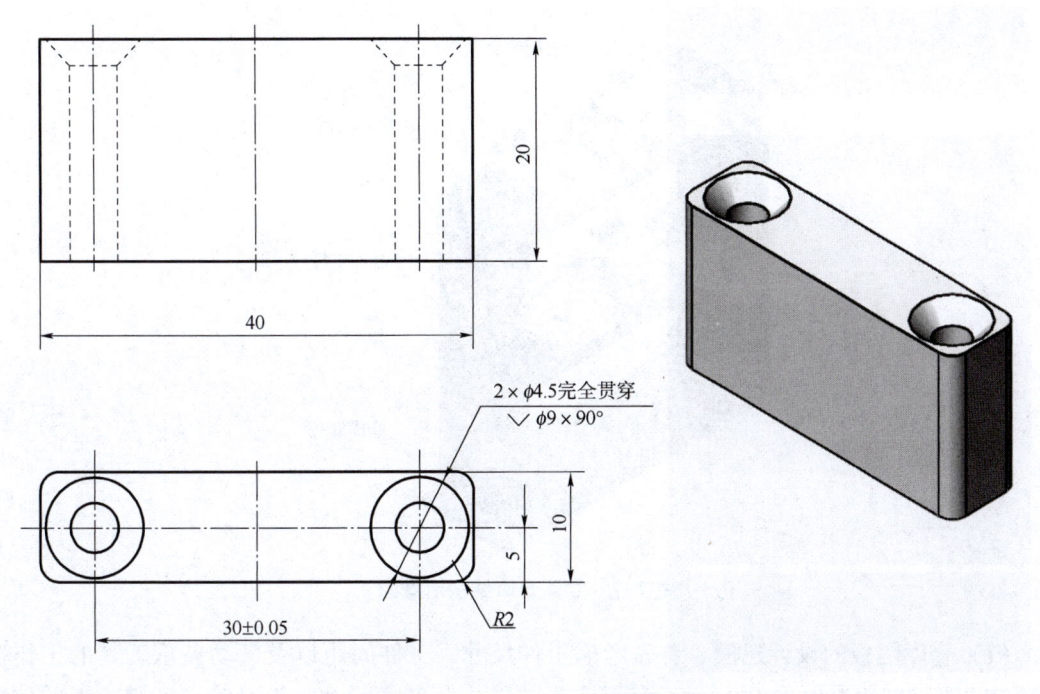

图 7-5 工件侧挡边 2 尺寸模型图

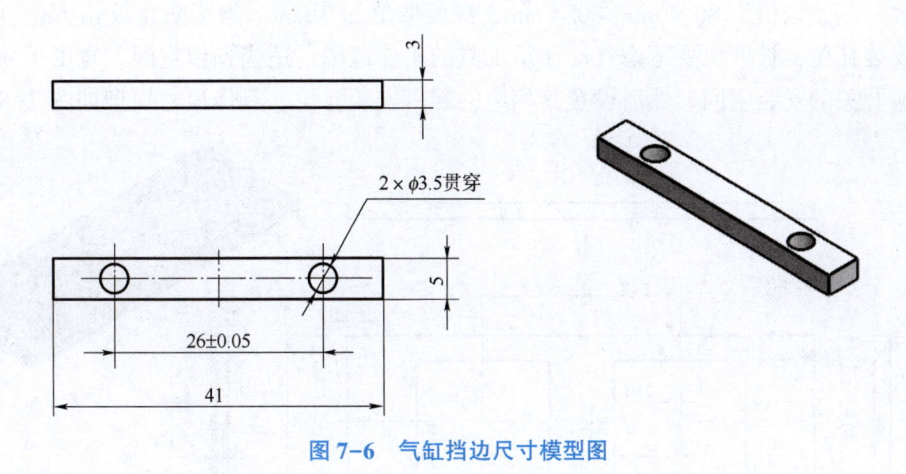

图 7-6 气缸挡边尺寸模型图

7.2 立体仓库和存料台单元设计

7.2.1 立体仓库单元

立体仓库包含仓库隔板、仓库立板、仓库底板等，每个仓位配置感应器，用以检测仓库内有无工件，如图 7-7 所示。这是桌面式的小型简易立体仓库，如果工件较大，仓位数量较多，可以用铝型材搭建立体仓库，工业级的立体仓库多采用方钢管搭建。

127

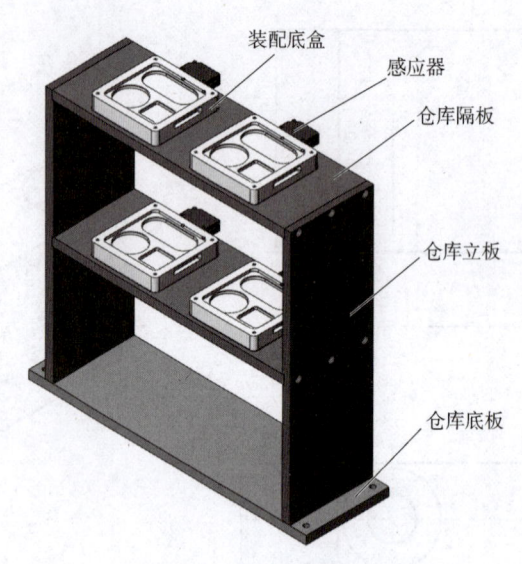

图 7-7 立体仓库结构示意图

(1) 仓库隔板的设计建模。首先考虑工件尺寸、工件间距以及气动夹爪工具的工作范围，这里工件间距取值为 120 mm，装配底盒的尺寸为 80 mm×80 mm×15 mm，隔板上的放置区域稍大一些，取值为 80.4 mm×80.4 mm，深度取值为 3 mm。为了防止放错方位，设置防错销钉安装孔位，长度也要考虑气动夹爪工具的工作范围，适当预留空间。宽度尺寸则需要考虑感应开关的安装空间。然后设置其相应的螺钉安装孔位。具体尺寸模型如图 7-8 所示。

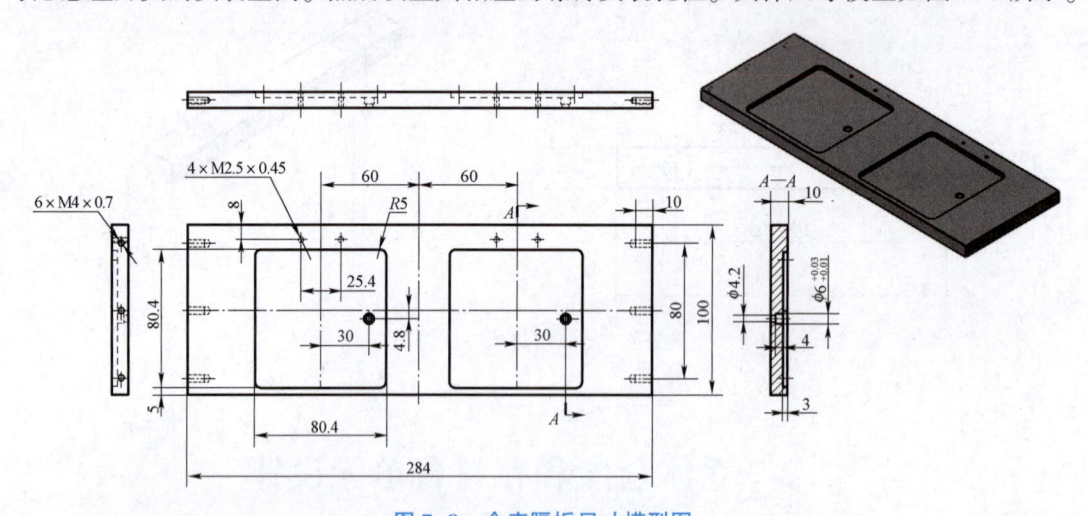

图 7-8 仓库隔板尺寸模型图

(2) 仓库立板的设计建模。首先考虑气动夹爪工具的高度和高度方向的工作范围，留有足够余量，这里取高度值为 150 mm，设置 2 层，总高度取值为 300 mm。隔板安装部位铣槽，与仓库隔板适配，方便安装，设置相应的螺钉安装孔位。具体尺寸模型如图 7-9 所示。

(3) 仓库底板的设计建模。仓库隔板和仓库立板完成设计建模后进行仓库底板的设计建模，这一步相对简单，先将对应的安装位置、尺寸适配，然后设置与仓库立板连接的螺钉孔位，并设置整体安装到台面的螺钉安装孔位。具体尺寸模型如图 7-10 所示。

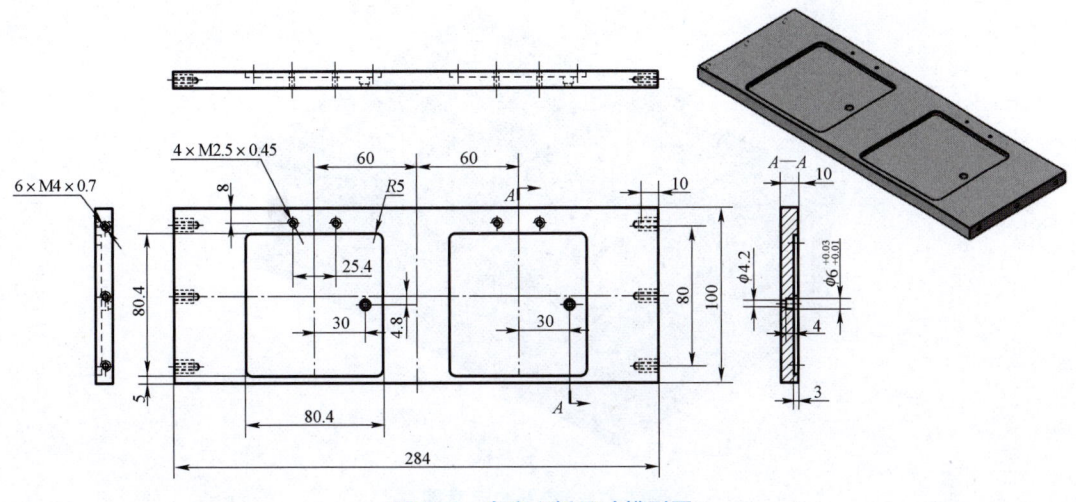

图 7-9 仓库立板尺寸模型图

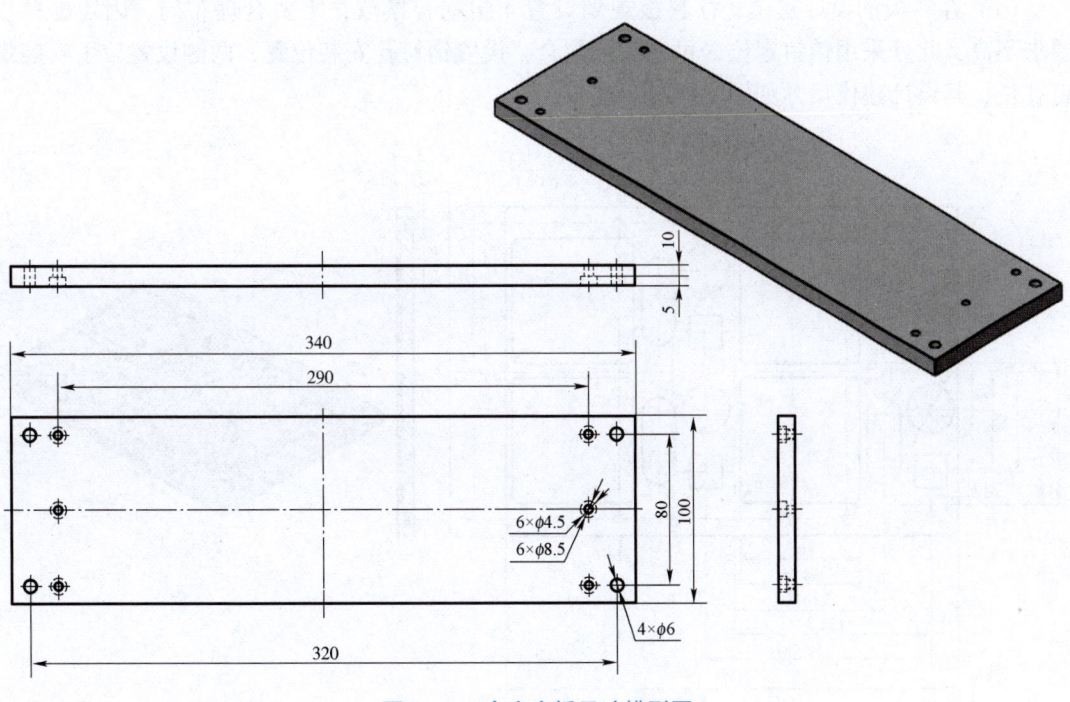

图 7-10 仓库底板尺寸模型图

(4) 立体仓库装配体的建模，进行尺寸核对和位置干涉检查。

7.2.2 存料台单元

存料台单元包含存料板、存料台顶板、存料台底板、立柱等，主要用于装配子件的暂存。共设置4组物料存放，对应立体仓库的装配盒数目，其中存料板与存料台底板采用销钉定位，侧面安装拉手，方便更换物料，如图7-11所示。其中，拉手和销钉模型可以通过选型获取，此处不再介绍。

工业机器人应用系统建模

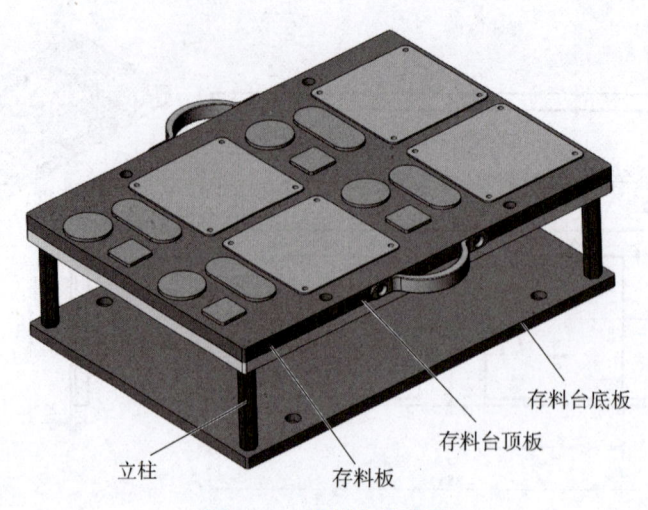

图 7-11 存料台示意图

（1）存料板的设计建模。存料板规划设置 4 组物料摆放，需要合理布局，因装配精度要求不高，此处采用销钉定位，可以间隙配合，设置销钉孔安装位置，两侧设置拉手安装螺钉孔位，其设计建模尺寸如图 7-12 所示。

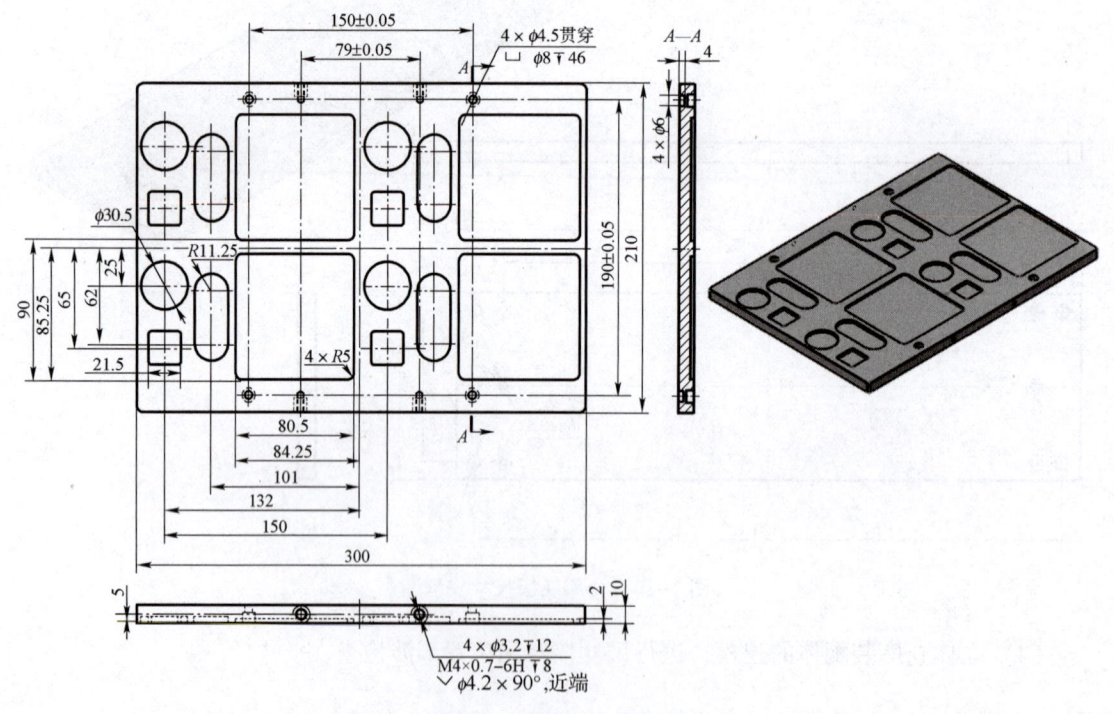

图 7-12 存料板尺寸模型图

（2）存料台顶板的设计建模。设置与存料台对应销钉孔的安装位置，设置立柱的安装孔位，其设计建模尺寸如图 7-13 所示。

（3）存料台底板的设计建模。设置与立柱对应螺钉安装孔位，设置存料台整体安装到台面的螺钉孔位，其设计建模尺寸如图 7-14 所示。

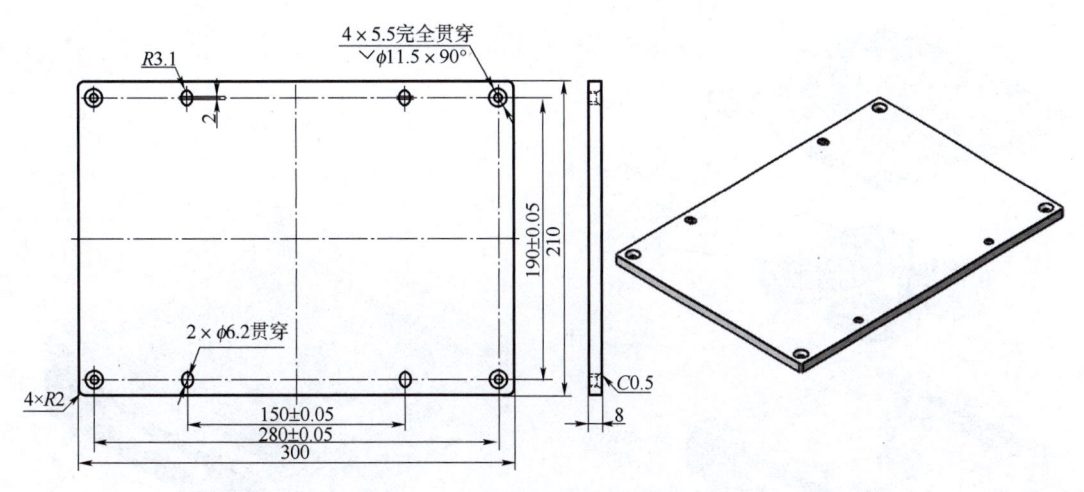

图 7-13　存料台顶板尺寸模型图

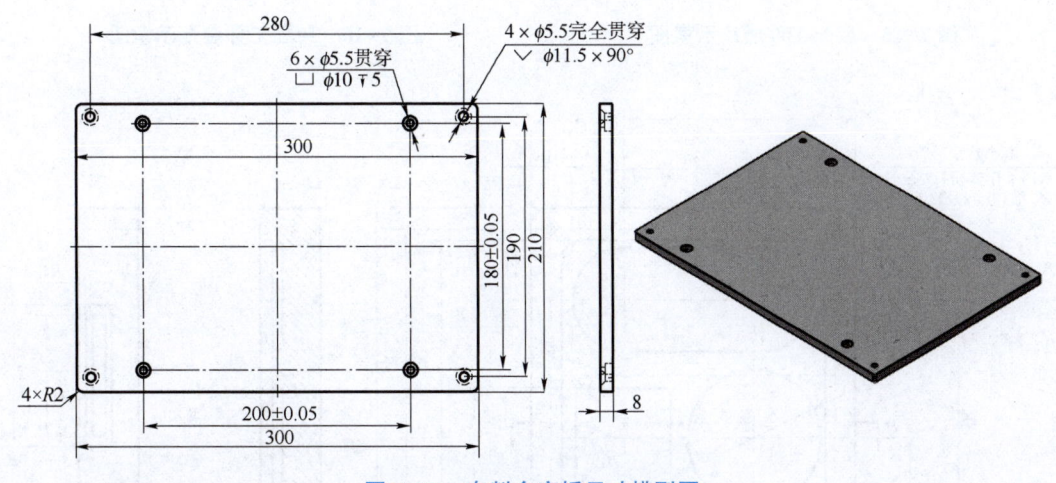

图 7-14　存料台底板尺寸模型图

（4）存料台装配体的建模。进行尺寸核对和位置干涉检查。

7.3　装配拧螺钉单元设计与建模

装配拧螺钉单元（工件）由装配底盒、长腰形工件、圆形工件、正方形工件和盖板组成，如图 7-15 和图 7-16 所示。装配结构简单，将三个工件一一放入装配底盒对应位置，盖上盖板，拧上螺钉，装配完成。

（1）装配底盒的设计建模。规划取值为 80 mm×80 mm×15 mm，内侧设置台阶，设置长腰形工件、圆形工件、正方形工件的安放位置，再设置盖板装配螺钉孔位，两侧设置气动夹爪夹持位置，尺寸与气动夹爪适配，此设计是为了防止夹持时打滑，增强可靠性，其设计建模尺寸如图 7-17 所示。装配底盒和盖板需要拧螺钉紧固，装配底盒材料采用铝 6061 制作，方便重复利用。

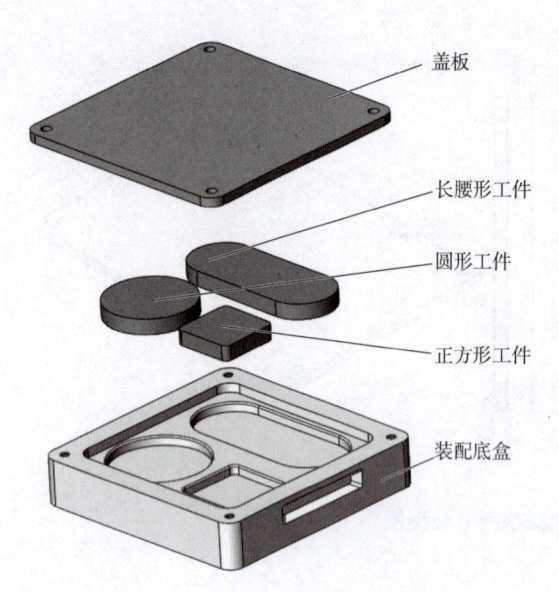

图 7-15 装配工件爆炸示意图

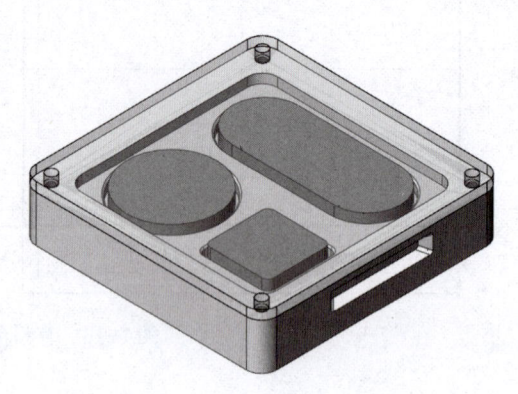

图 7-16 装配工件装配示意图

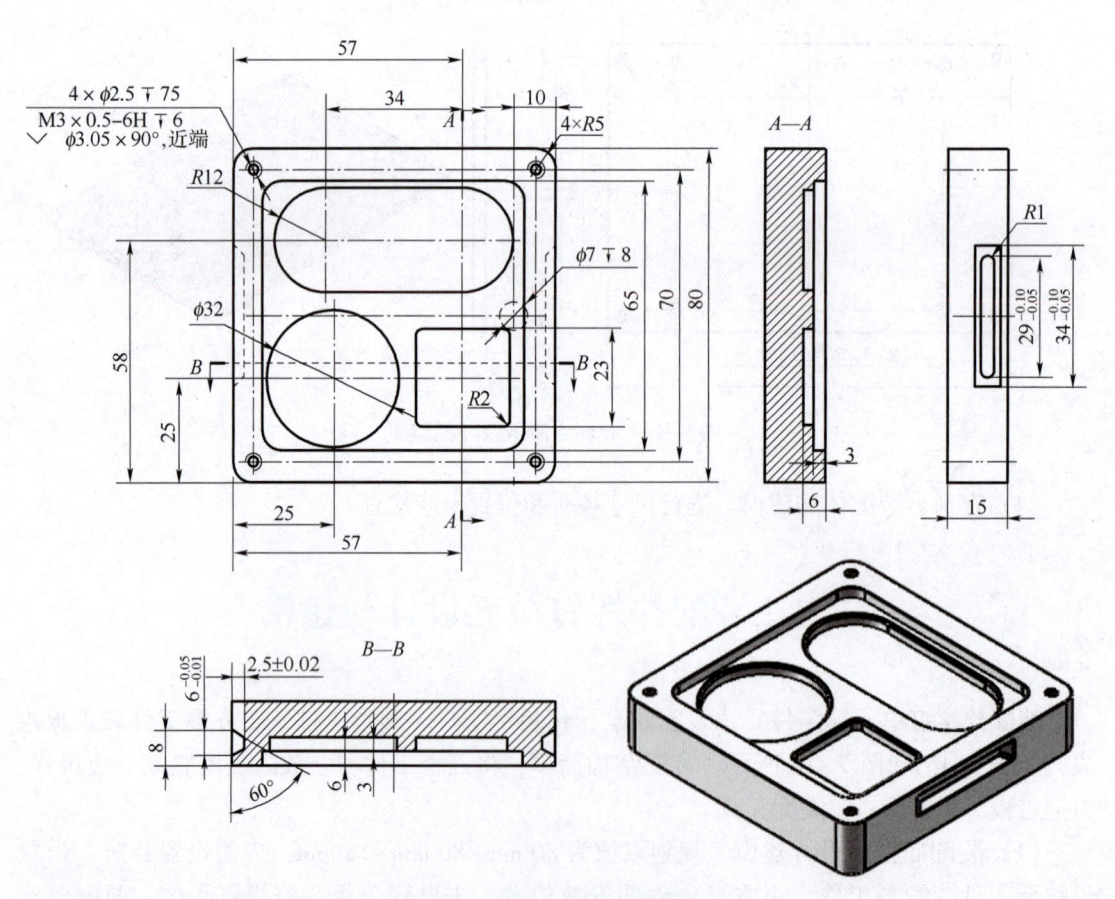

图 7-17 装配底盒尺寸模型图

此处装配底盒的气动夹爪夹持部分与气动夹爪快换工具装配底盒夹爪设计交互进行，如图 7-18 所示，对应尺寸需要核算准确，可通过装配仿真检查。

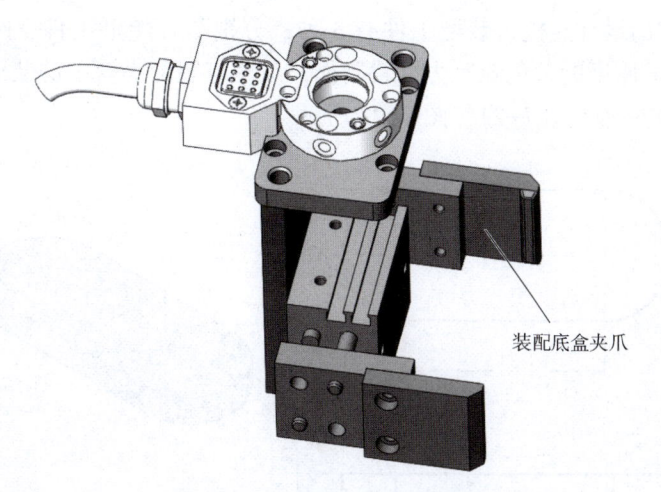

图 7-18 气动夹爪工具示意图

（2）装配底盒夹爪的设计建模。夹爪宽度与气缸副爪安装位置适配，尺寸为 34 mm，同时设置对应的螺钉安装孔位，夹持部分与装配底盒适配，长度方向考虑装配工件高度，应留有一定空间，其设计建模如图 7-19 所示。

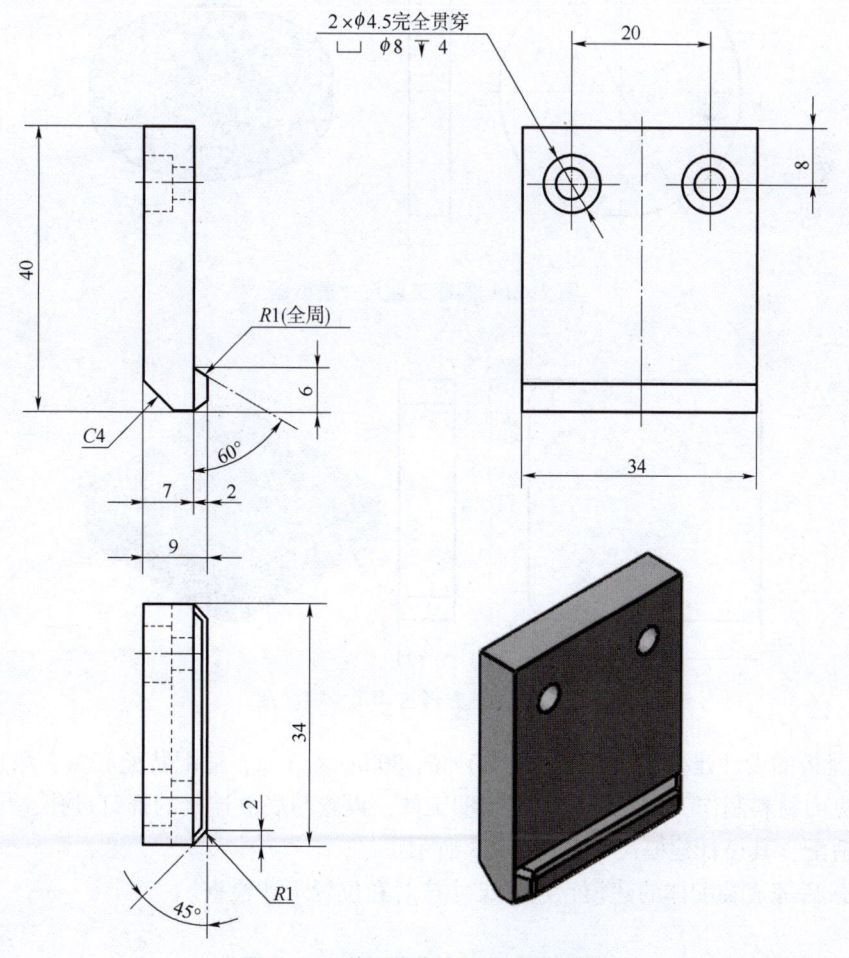

图 7-19 装配底盒夹爪尺寸模型图

（3）装配工件的设计建模。装配工件有 3 种，分别是长腰形工件、圆形工件、正方形工件，均采用 5 mm 厚度的黄色亚克力材料制作，尺寸与装配底盒中的装配位置适配，设计建模尺寸分别如图 7-20、图 7-21、图 7-22 所示。

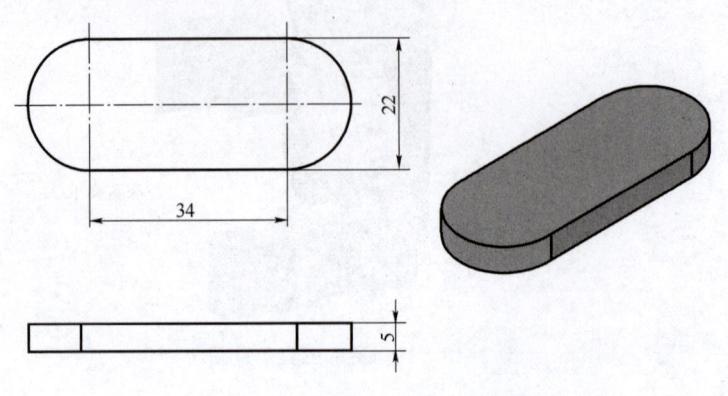

图 7-20　长腰形工件尺寸模型图

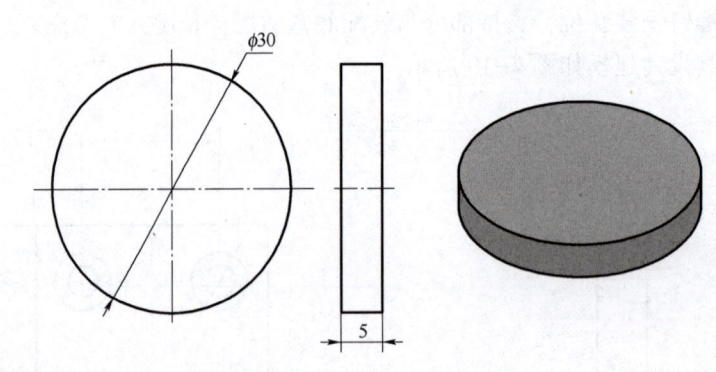

图 7-21　圆形工件尺寸模型图

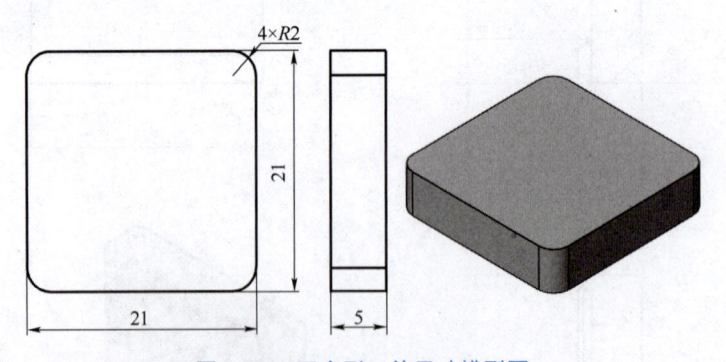

图 7-22　正方形工件尺寸模型图

（4）盖板的设计建模。盖板尺寸为 80 mm×80 mm×3 mm，适配装配底盒，采用 3 mm 厚的透明亚克力材料制作，方便观察内部装配工件，设置与底盒连接的螺钉过孔，尺寸与装配底盒位置适配，其设计建模尺寸如图 7-23 所示。

（5）最后完成装配体的建模，进行尺寸核对和位置干涉检查。

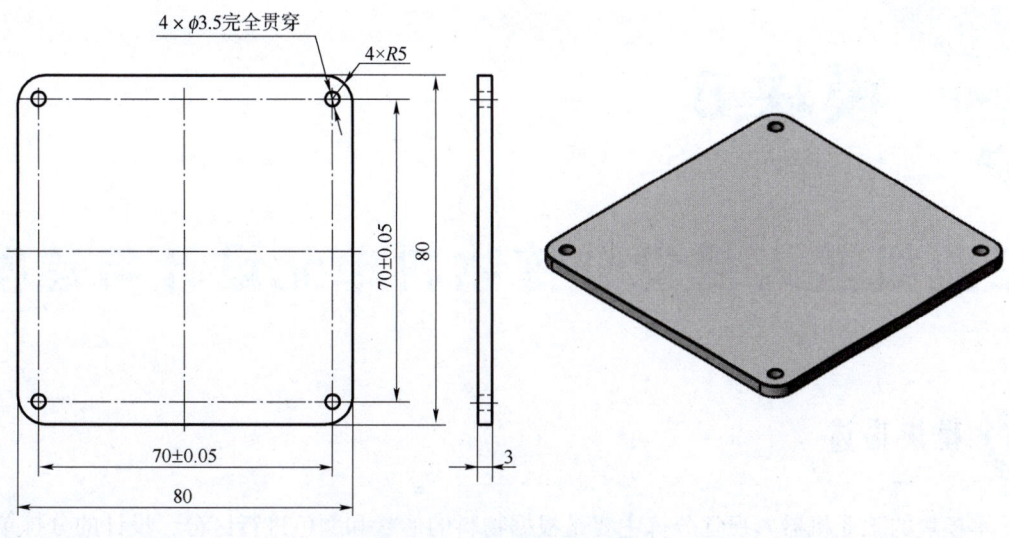

图 7-23　盖板尺寸模型图

模块总结

本模块对装配台、立体仓库、存料台等装配体的结构进行分析，并结合机器人的工况和工作过程进行装配设计与建模，建议学生自行练习。

模块 8

工业机器人视觉分拣物料单元设计与建模

🌀 模块描述

本模块的工业机器人视觉分拣主要是根据物料的形状和颜色进行区分，设计的分拣单元主要用于存放这些物料块和工业机器人的 3D 相机，从而进行零件和装配体的设计。

🌀 学习目标

通过实际案例，使学生了解工业机器人视觉分拣物料单元设计与建模方法，学会视觉分拣物单元的设计建模，学会自己设计构思，自行设计建模；培养学生的信息意识，认识视觉识别，判断物体的信息化、数字化的发展趋势；培养学生积极的学习态度和浓厚的学习兴趣；培养学生对新技术的兴趣；增加学生对新事物的认知能力。

视觉分拣物料盘、多形状物料块、视觉系统共同组成视常见分拣物料分拣单元，下面分别对其设计建模进行介绍。

8.1　视觉分拣物料单元设计

首先，从物料盒中取出多形状物料块，即分拣物料，然后，随机摆放到视觉分拣物料单元（盘）左侧三列圆圈中，机器人吸取工具快换装置吸盘，逐个吸取分拣物料，到视觉系统上方进行检测识别，先识别是否是残次品，若是次品则丢入废品物料盒中，若是合格品则识别形状和颜色，分别放入托盘对应的位置，完成分拣。视觉分拣物料盘由分拣物托盘-上层、分拣物托盘-底层、分拣物托盘-底板、立柱和物料盒组成，如图 8-1 所示。

分拣物托盘-上层是最核心的零件，应先对其进行设计建模，外形尺寸设计取值为 200 mm×200 mm×3 mm，规划 5 行 3 列物料摆放区。左侧 3 列为待识别区，全部为圆形区域，直径取值为 37 mm，适合随机摆放，其行间距 75 mm，列间距为 40 mm。右侧两列规划为识别后摆放区，规划有圆形、正方形、等边三角形、六边形 4 种分拣物料，方便随机摆放到待识别区域圆圈中。规划不同颜色各一列，尺寸一致，同时设置相应的螺钉连接孔位。分拣物托盘-上层设计建模尺寸如图 8-2 所示。

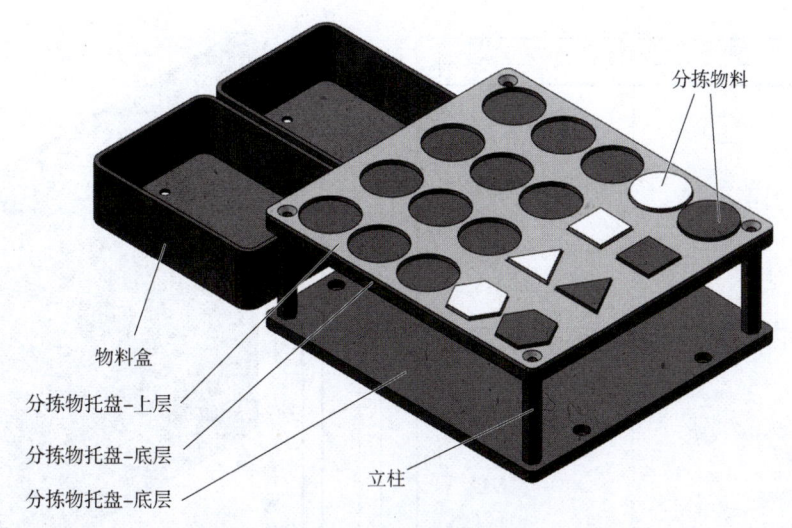

图 8-1 分拣托盘示意图

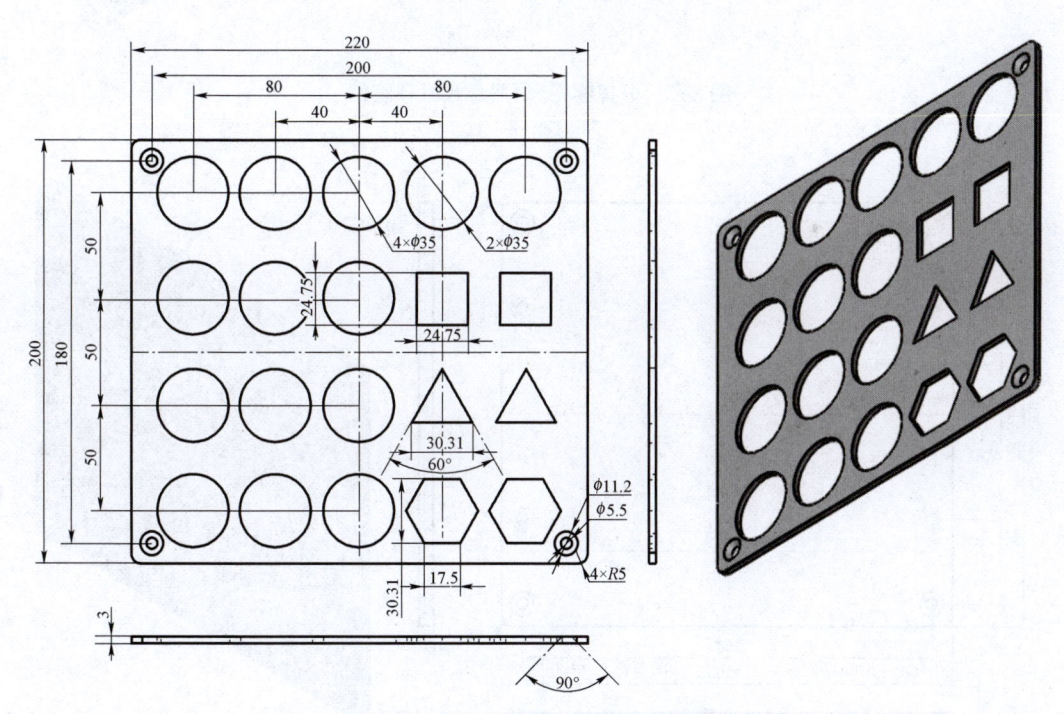

图 8-2 分拣物托盘-上层尺寸模型图

分拣物托盘-底层，外形尺寸设计取值为 200 mm×200 mm×8 mm，同时设置相应的螺钉连接孔位，设计建模如图 8-3 所示。

分拣物托盘-底板，外形尺寸设计取值为 200 mm×200 mm×8 mm，同时设置与立杆连接的螺钉孔位以及安装到平台上面的螺钉孔位，设计建模如图 8-4 所示。

立柱的设计建模，前面模块已经详细介绍过，如图 6-35 所示，物料盒为外购件，需要测绘后完成简易建模，最后完成装配体建模。

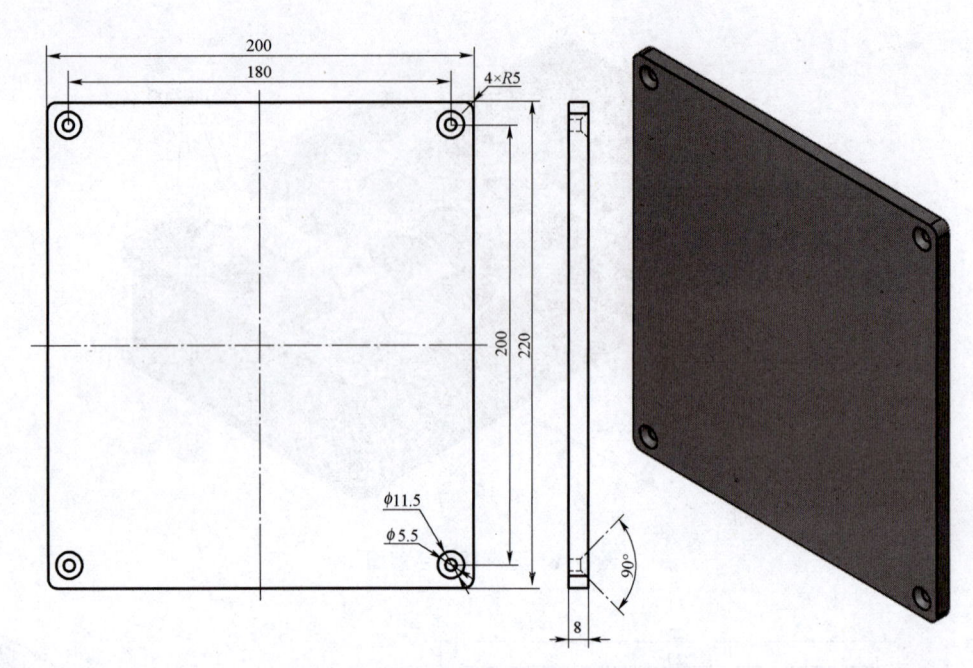

图 8-3 分拣物托盘-底层尺寸模型图

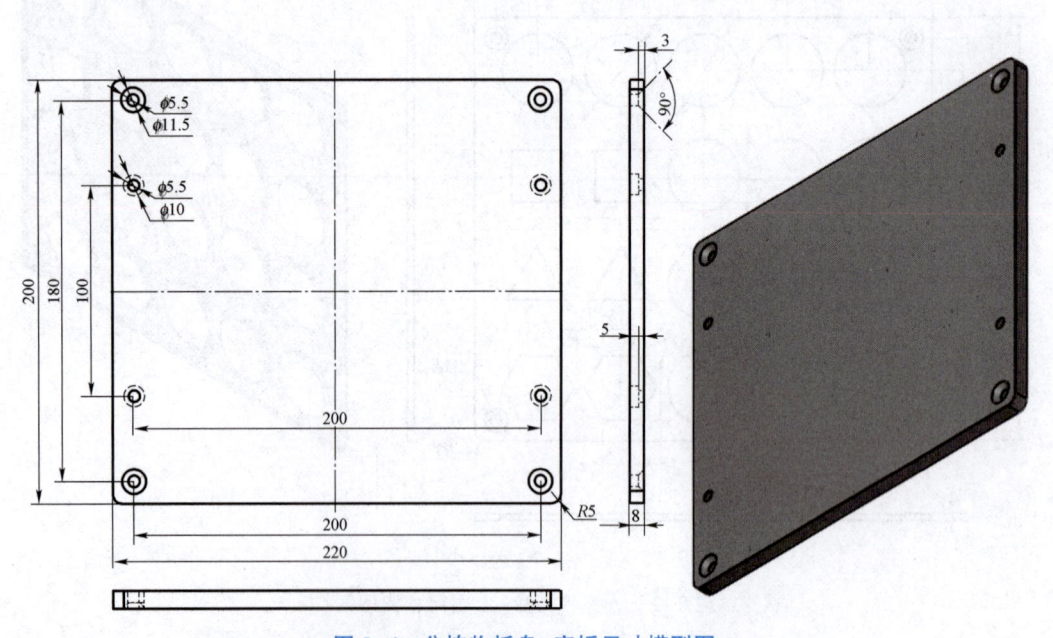

图 8-4 分拣物托盘-底板尺寸模型图

8.2 多形状物料块设计

圆形、正方形、等边三角形、六边形 4 种分拣物料采用 5 mm 厚的亚克力材料制作，美观轻巧，根据需求共制作 3 套。其中，黄色 2 套，红色 1 套，用于颜色识别；黄色的另外 1

套每个物料都要制作缺口，用于残次品特征识别。各物料外形尺寸，适配分拣物托盘，每条边留有 0.8 mm 间隙，方便识别后的放置，设计建模如图 8-5 所示。

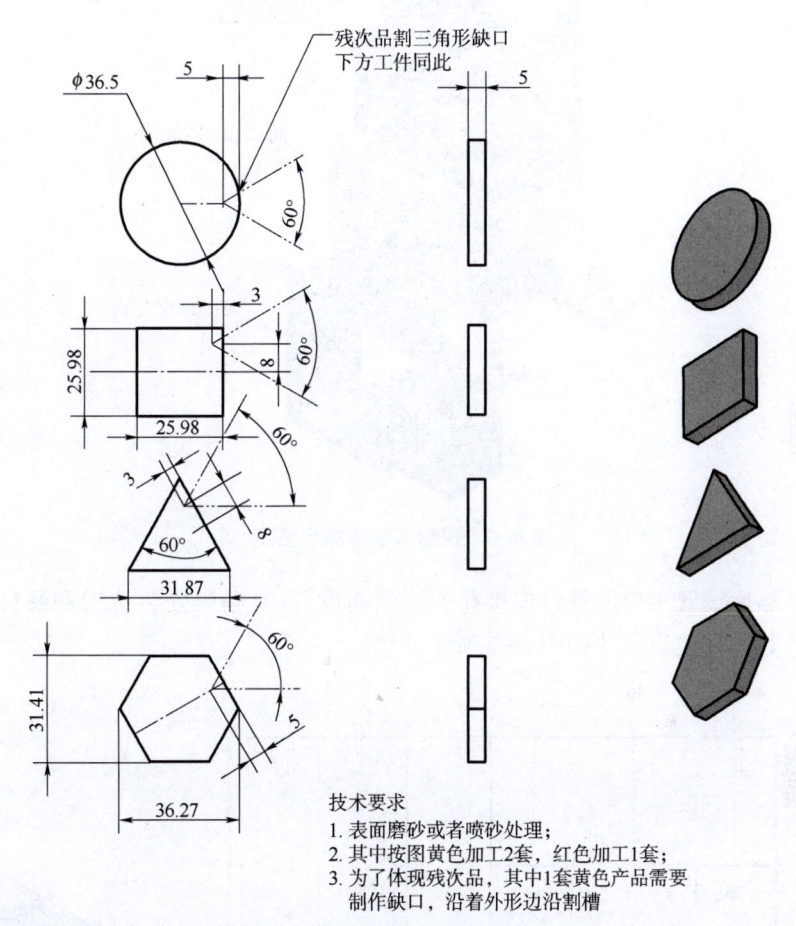

技术要求
1. 表面磨砂或者喷砂处理；
2. 其中按图黄色加工2套，红色加工1套；
3. 为了体现残次品，其中1套黄色产品需要制作缺口，沿着外形边沿割槽

图 8-5 分拣物料尺寸模型图

8.3 视觉系统安装支架设计

视觉系统包含相机、同轴光源、光源固定板、同轴光源支撑座、30 角码、相机固定支架等，如图 8-6 所示。相机倒置安装在下方，中心对准同轴光源，机器人快换吸盘吸取分拣物料，移动到同轴光源上方，经相机识别判断后，移开、放置分拣物料，完成分拣。这里重点说明一下，由于相机成像识别对光的要求比较高，外界光或者照明都会影响其成像效果，进而影响识别判断，因此，在结构设计时，重点考虑此要求，并采取相应的解决办法。比如，同轴光源支撑座采用整体暗室结构，相机安装到台面下方，这样底座是一个相对封闭的空间，外界光的影响较小。30 角码为标准件，模型可以下载，同轴光源和相机的模型可以通过供应商选型手册获取。

同轴光源支撑座是视觉系统的关键零件，应先对其进行设计建模。首先中间设置 48 mm×46.7 mm 矩形通孔，对应同轴光源的尺寸，起到暗室的作用，顶面安装同轴光源，通过光源

139

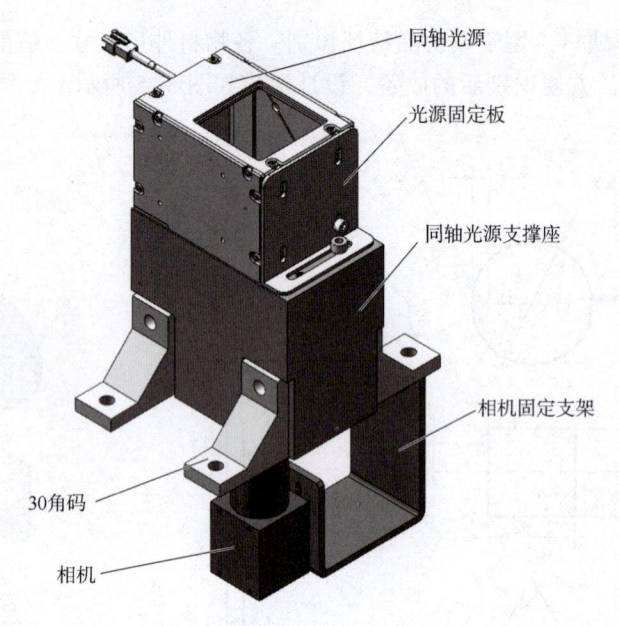

图 8-6 视觉系统结构示意图

安装板连接，然后设置相应的螺钉连接孔位，侧面设置 30 角码安装位置和螺钉孔位，底面和顶面平整，其设计建模尺寸如图 8-7 所示。

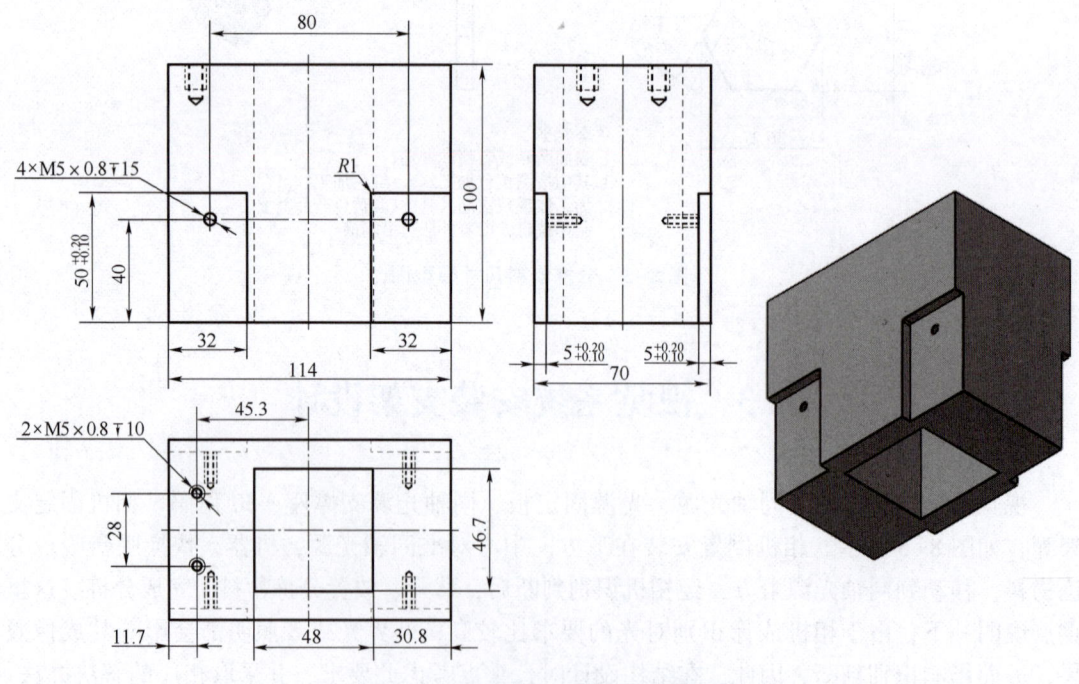

图 8-7 同轴光源支撑座尺寸模型图

光源固定板，其作用是将同轴光源固定在同轴光源支撑座上，对其建模相对简单，对应同轴光源的安装螺钉孔位，设置相应的螺钉固定孔位即可。设计建模尺寸如图 8-8 所示。

相机固定支架，其作用是固定相机，并整体固定到平台上，起转接作用。支架结构设计需要避开相机工作区域，同时设置安装螺钉孔位，其设计建模尺寸如图 8-9 所示。

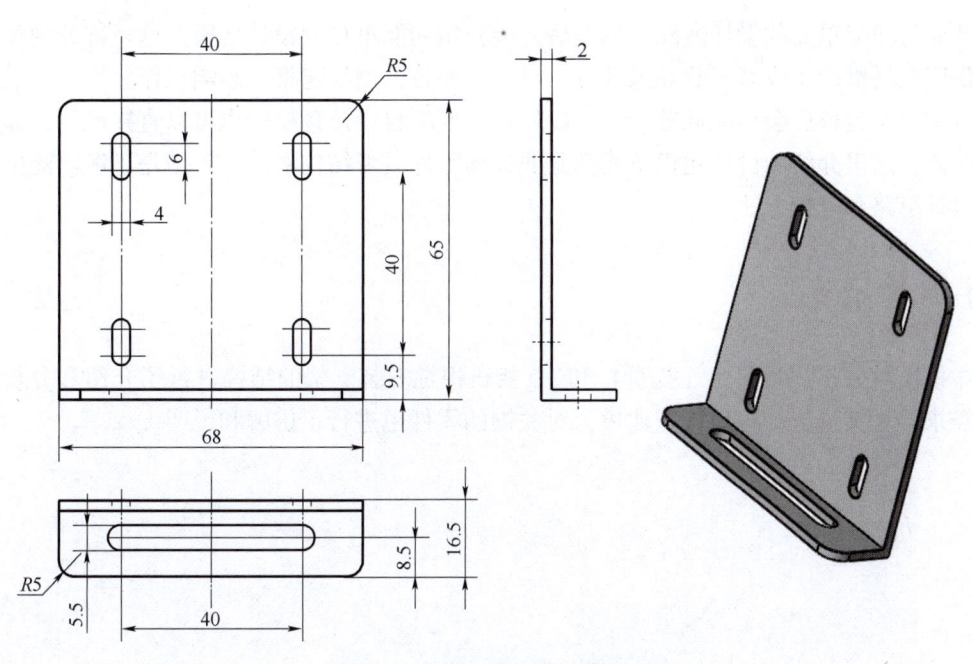

图 8-8　光源固定板尺寸模型图

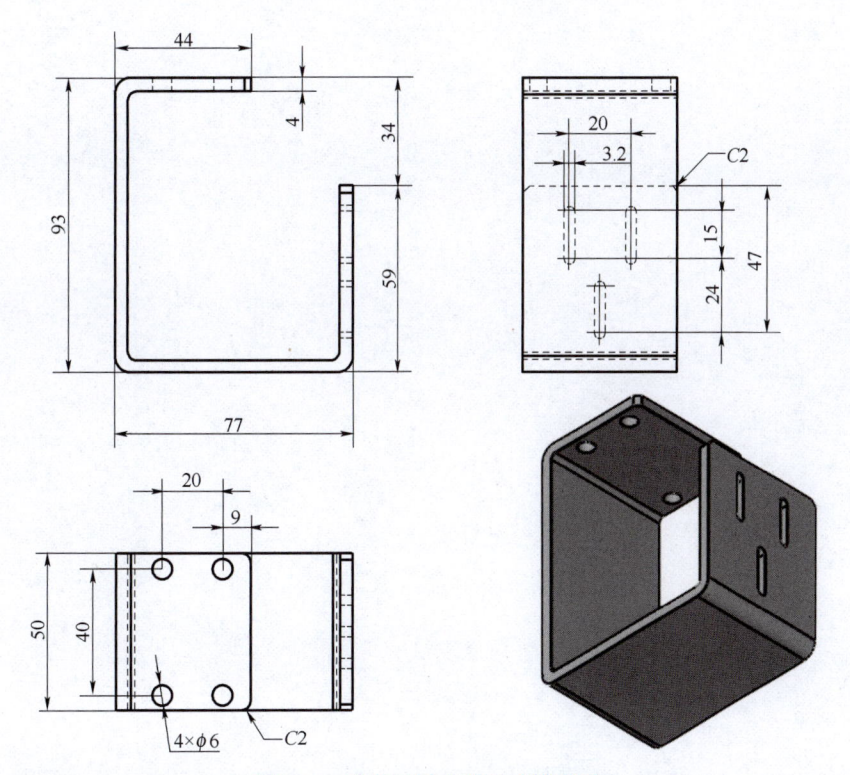

图 8-9　相机固定支架尺寸模型图

最后完成装配体的建模，进行尺寸核对和位置干涉检查。

至此，完成了视觉分拣物料单元的设计建模。在实际设计过程中，各功能部件的选型非常重要，如相机、同轴光源等，因此要认真选择品牌和规格型号，不仅考虑性价比，还要考虑尺寸要与功能单元的设计适配。选型后才能开始功能单元的设计建模。这一部分的建模都是由供应商提供的，或者下载导入即可，尽量不要自己测绘建模，影响工作效率。而且，很多标准零件在建模后会形成标准件库，以后在其他项目设计建模时也可以直接调用，非常方便。因此，这里介绍的设计建模单元都是非标准零件或者结构部件，目的是了解功能单元的具体设计思路和建模方法。

模块总结

本模块对分拣物料单元（托盘）和 3D 相机视觉安装支架的结构进行了介绍和分析，并根据需求，对其进行结构设计和建模，对关键的零件也进行了讲解和说明。

参 考 文 献

[1] 赵罘，杨晓晋，赵楠. SolidWorks 入门到精通［M］. 北京：人民邮电出版社，2023.
[2] 孙开元，李改灵. 机械结构设计［M］. 北京：化学工业出版社，2016.
[3] 刘莹，吴宗泽. 机械设计教程［M］. 北京：机械工业出版社，2019.
[4] 张丽杰，冯仁余. 机械创新设计及图例［M］. 北京：化学工业出版社，2018.
[5] Charles A. Haines，白伟. 机器人工具快换装置与柔性制造［J］. 汽车制造业，2008（9）：2.
[6] 周锦华，史晓平，安建飞. 机器人工具快速更换装置的研究［J］. 山东工业技术，2016（3）：1.